上海市工程建设规范

办公建筑用能限额设计标准

Design standard for energy consumption limits of office buildings

DG/TJ 08—2444—2024

J 17504—2024

主编单位：上海市建筑科学研究院有限公司
华东建筑设计研究院有限公司
同济大学建筑设计研究院（集团）有限公司

批准部门：上海市住房和城乡建设管理委员会
施行日期：2024 年 7 月 1 日

同济大学出版社

2024 年　上海

图书在版编目(CIP)数据

办公建筑用能限额设计标准 / 上海市建筑科学研究院有限公司，华东建筑设计研究院有限公司，同济大学建筑设计研究院(集团)有限公司主编. --上海：同济大学出版社，2024.9. -- ISBN 978-7-5765-1189-5

Ⅰ. TU243-65

中国国家版本馆 CIP 数据核字第 2024EB0915 号

办公建筑用能限额设计标准

上海市建筑科学研究院有限公司
华东建筑设计研究院有限公司　　**主编**
同济大学建筑设计研究院(集团)有限公司

责任编辑　朱　勇
责任校对　徐春莲
封面设计　陈益平

出版发行　同济大学出版社　　www.tongjipress.com.cn
(地址:上海市四平路 1239 号　邮编：200092　电话:021－65985622)
经　　销　全国各地新华书店
印　　刷　浦江求真印务有限公司
开　　本　889mm×1194mm　1/32
印　　张　2.875
字　　数　72 000
版　　次　2024 年 9 月第 1 版
印　　次　2024 年 9 月第 1 次印刷
书　　号　ISBN 978-7-5765-1189-5
定　　价　30.00 元

上海市住房和城乡建设管理委员会文件

沪建标定〔2024〕51 号

上海市住房和城乡建设管理委员会
关于批准《办公建筑用能限额设计标准》为
上海市工程建设规范的通知

各有关单位：

由上海市建筑科学研究院有限公司、华东建筑设计研究院有限公司、同济大学建筑设计研究院（集团）有限公司主编的《办公建筑用能限额设计标准》，经我委审核，现批准为上海市工程建设规范，统一编号为 DG/TJ 08—2444—2024，自 2024 年 7 月 1 日起实施。

本标准由上海市住房和城乡建设管理委员会负责管理，上海市建筑科学研究院有限公司负责解释。

上海市住房和城乡建设管理委员会

2024 年 1 月 29 日

前 言

根据上海市住房和城乡建设管理委员会《关于印发〈2021年上海市工程建设规范、建筑标准设计编制计划〉的通知》(沪建标定〔2020〕771号)的要求，上海市建筑科学研究院有限公司、华东建筑设计研究院有限公司、同济大学建筑设计研究院(集团)有限公司会同相关单位，经深入调查研究，认真总结实践经验，在参考相关国家和行业标准，结合本市碳达峰碳中和战略目标与工作部署，并广泛征求意见的基础上，编制本标准。

本标准的主要内容包括：总则；术语；基本规定；建筑和围护结构；供暖通风与空调系统；电气系统；给排水系统；可再生能源系统；监测与控制系统；附录A。

各单位及相关人员在执行本标准过程中，如有意见和建议，请反馈至上海市住房和城乡建设管理委员会(地址：上海市大沽路100号；邮编：200003；E-mail：shjsbzgl@163.com)，上海市建筑科学研究院有限公司(地址：上海市申旺路519号；邮编：201108；E-mail：fanhongwu@sribs.com)，上海市建筑建材业市场管理总站(地址：上海市小木桥路683号；邮编：200032；E-mail：shgcbz@163.com)，以供今后修订时参考。

主编单位：上海市建筑科学研究院有限公司
华东建筑设计研究院有限公司
同济大学建筑设计研究院(集团)有限公司

参编单位：上海建筑设计研究院有限公司
北京构力科技有限公司
大金(中国)投资有限公司上海分公司

主要起草人：范宏武　徐　强　车学娅　寿炜炜　瞿　燕
钱智勇　聂　悦　陈众励　徐　凤　张永炜
张蓓红　何　易　岳志铁　李海峰　张文宇
钟　鸣　张丽娜　燕　艳　朱峰磊

主要审查人：马伟骏　林丽智　宗劲松　高海军　张伯仑
高小平　吴　寅

上海市建筑建材业市场管理总站

目　次

Contents

1 总 则

1.0.1 为贯彻国家节约能源、保护环境、应对气候变化相关法律和法规，落实“双碳”战略决策，提高办公建筑能源资源利用效率，推动可再生能源利用，降低建筑用能强度与碳排放，制定本标准。

1.0.2 本标准适用于本市新建办公建筑的建筑用能限额设计，改建、扩建和既有办公建筑用能限额设计改造可参照执行。

1.0.3 办公建筑的用能限额设计，除应符合本标准外，尚应符合国家、行业和本市现行有关标准的规定。

2 术 语

2.0.1 办公建筑能耗限额指标 maximum allowance of energy consumption for buildings

在设定计算条件下，计算出的满足办公建筑全年功能需求(包括供暖、通风、空调、照明、办公设备、电梯、生活热水等)的单位办公建筑面积所允许的综合能耗上限值，单位为 $kWh_{等效电}/(m^2 \cdot a)$。

2.0.2 办公建筑碳排放限额指标 maximum allowance of carbon dioxide emission of buildings

根据办公建筑能耗限额指标计算出的二氧化碳排放量的上限值，单位为 $kgCO_2/(m^2 \cdot a)$。

2.0.3 办公建筑综合能耗指标 total energy consumption index for buildings

在设定计算条件下，计算出的满足办公建筑全年供暖、通风、空调、照明、办公设备、电梯、生活热水等功能需求的单位办公建筑面积年综合能耗指标，单位为 $kWh_{等效电}/(m^2 \cdot a)$。

2.0.4 建筑供暖年耗热量指标 annual heating demand index for buildings

在设定计算条件下，为满足冬季室内环境参数要求，单位建筑面积年累计消耗的需由供暖系统供给的热量，单位为 $kWh/(m^2 \cdot a)$。

2.0.5 建筑供冷年耗冷量指标 annual cooling demand index for buildings

在设定计算条件下，为满足夏季室内环境参数要求，单位建筑面积年累计消耗的需由供冷系统提供的冷量，单位为 $kWh/(m^2 \cdot a)$。

2.0.6 建筑年供暖耗电量指标 annual electricity consumption for heating

在设定的计算条件下，为满足冬季室内环境参数要求，计算出的单位建筑面积年供暖设备提供热量所消耗的电能，单位为 $kWh_{等效电}/(m^2 \cdot a)$。

2.0.7 建筑年供冷耗电量指标 annual electricity consumption for cooling

在设定的计算条件下，为满足夏季室内环境参数要求，计算出的单位建筑面积年供冷设备提供冷量所消耗的电能，单位为 $kWh_{等效电}/(m^2 \cdot a)$。

2.0.8 全年性能系数(APF) annual performance factor

以年为计算周期，同一台制冷制热设备在供冷季节从室内除去的热量与供暖季节向室内送入的热量总和与其在供冷季节和供暖季节内所消耗的电量总和之比，单位为 kWh/kWh。

2.0.9 风机盘管供冷能效系数(FCUEER) fan coil unit cooling efficiency ratio

风机盘管机组额定供冷量与相应试验工况下机组风侧实测电功率和水侧实测水阻折算电功率之和的比值，单位为 W/W。

2.0.10 风机盘管供暖能效系数(FCUCOP) fan coil unit heating coefficient of performance

风机盘管额定供热量与相应试验工况下机组风侧实测电功率和水侧实测水阻折算电功率之和的比值，单位为 W/W。

3 基本规定

3.0.1 建筑用能限额设计应根据办公建筑使用功能、环境资源条件，以气候和环境适应性为原则，以降低建筑用能强度和碳排放为目标，充分利用天然采光、自然通风、保温隔热等被动式建筑设计手段、高性能用能设备系统和可再生能源，降低建筑全年综合能耗和碳排放。

3.0.2 建筑用能限额设计应在满足室内热湿环境参数和新风量基础上，以建筑能耗限额指标和碳排放限额指标为约束性指标，建筑围护结构、用能设备及系统等节能性能应满足本标准的指标限值规定。

3.0.3 办公建筑主要功能房间室内热湿环境计算参数应符合表3.0.3的规定。

表3.0.3 办公建筑主要功能房间室内热湿环境设计参数

室内热湿环境参数	冬季	夏季
温度(℃)	≥20	≤26
相对湿度(%)	≥30	≤60

3.0.4 办公建筑房间内人均新风量应符合现行国家标准《民用建筑供暖通风与空气调节设计规范》GB 50736的规定。

3.0.5 标准计算工况下，办公建筑用能限额指标和碳排放限额指标应符合表3.0.5的规定。

表3.0.5 办公建筑能耗限额指标和碳排放限额指标限值

限额指标	限值
建筑能耗限额指标[$kWh_{等效电}/(m^2 \cdot a)$]	≤70.0
建筑碳排放限额指标[$kgCO_2/(m^2 \cdot a)$]	≤29.4

3.0.6 设计建筑年综合能耗指标和年碳排放指标计算方法应符合本标准附录A的规定，计算结果应符合下列规定：

1 建筑年综合能耗指标计算结果不应大于本标准规定的建筑能耗限额指标。

2 建筑年碳排放指标计算结果不应大于本标准规定的建筑碳排放限额指标。

3.0.7 建筑总体规划应为可再生能源应用提供条件，且不得降低建筑自身和相邻建筑的日照标准。

3.0.8 可再生能源系统设计应与建筑、结构、给排水、电气、暖通等专业同步设计，并应考虑施工、安装与维护等要求。

4 建筑和围护结构

4.1 建筑规划与设计

4.1.1 建筑规划及总平面的布置和设计，应有利于减少夏季太阳辐射得热与充分利用自然通风，并有利于冬季日照。

4.1.2 建筑总平面设计应合理布置绿化用地、合理选用绿化种植方式与植物种类，改善建筑室外热湿环境。

4.1.3 建筑设计应充分利用天然采光，地下空间和进深较大的地上空间可利用导光或反光装置将天然光引入室内。采用导光管装置时，导光管采光系统在漫射条件下的系统效率应大于0.50。

4.1.4 供暖空调系统或生活热水系统设有室外机时，室外机的安装位置应符合下列规定：

1 应设置在通风良好场所，并避免热气流和噪声对周围环境造成不利影响。当采用遮挡格栅时，格栅通透率不宜低于80%。

2 应方便室外机维修保养，并应考虑操作安全。

3 应采取可靠措施有组织排放空调夏季冷凝水和冬季化霜水。

4.1.5 建筑屋顶、立面、阳台等部位宜结合所选用的太阳能系统进行一体化设计。

4.2 围护结构热工设计

4.2.1 建筑非透光围护结构传热系数应符合表4.2.1的规定。

表 4.2.1　建筑非透光围护结构传热系数限值

建筑及围护结构部位	传热系数 K[W/(m^2·K)]	
	热惰性指标 D≤2.5	热惰性指标 D>2.5
屋面	≤0.30	
外墙(包括非透光幕墙)	≤0.50	≤0.70
底面接触室外空气的架空或外挑楼板	≤0.70	
空调供暖区域与非空调供暖区域之间的隔墙与楼板	≤1.80	

4.2.2　建筑透光围护结构(包括外窗、透光幕墙、外门等透光部分)传热系数应符合表 4.2.2 的规定。

表 4.2.2　建筑透光围护结构传热系数限值

窗墙比	传热系数 K[W/(m^2·K)]
窗墙比≤0.50	≤1.60
0.50<窗墙比≤0.70	≤1.50
窗墙比>0.70	≤1.40
屋顶透明部分(面积比≤20%)	≤1.40

4.2.3　建筑透光围护结构(包括外窗、透光幕墙、外门等透光部分)的太阳得热系数应符合表 4.2.3 的规定。当不能满足本条规定时,应按本标准第 4.3.2 条规定设置建筑遮阳,设置后的综合太阳辐射得热系数应符合表 4.2.3 的规定。

表 4.2.3　建筑透光围护结构太阳得热系数限值

窗墙比	东、西、南向	北向
窗墙比≤0.50	≤0.30	≤0.35
0.50<窗墙比≤0.60	≤0.25	≤0.30
0.60<窗墙比≤0.70	≤0.22	≤0.25
窗墙比>0.70	≤0.18	≤0.20
屋顶透明部分(面积比≤20%)	≤0.20	

4.3 建筑设计

4.3.1 建筑屋顶透光部分面积不应大于建筑屋顶总面积的20％，中庭透光部分面积不应大于中庭面积的80％。

4.3.2 建筑遮阳设计应符合下列规定：

1 建筑南、东、西向应设置建筑外遮阳，建筑遮阳系数应按现行国家标准《民用建筑热工设计规范》GB 50176 的有关规定计算。

2 透光屋顶应设置活动遮阳，活动遮阳应能遮住全部透光部分。

3 设置可调节中置百叶的透光围护结构视作满足太阳得热系数要求。

4 设置完全遮住透光围护结构的活动外遮阳视作满足太阳得热系数要求。

4.3.3 建筑宜采用自然通风，自然通风设计应满足以下要求：

1 建筑主要功能房间外窗和玻璃幕墙应设开启扇或通风换气装置。

2 底层大堂跨层空间或建筑中庭应设置开启窗扇或设置机械通风装置。

3 外窗有效通风开口面积不宜小于窗面积的30％。

4 玻璃幕墙通风开口面积不宜小于玻璃幕墙面积的10％。

5 设置通风换气装置或机械通风装置的房间通风换气次数不宜小于2次/h。

4.3.4 外窗、透光外门和建筑幕墙空气渗透量应符合下列规定：

1 外窗、透光外门在10 Pa压差下，每小时每米缝隙的空气渗透量 q_1 不应大于1.5 $m^3/(m \cdot h)$，每小时每平方米面积的空气渗透量 q_2 不应大于4.5 $m^3/(m^2 \cdot h)$。

2 建筑幕墙开启部分每小时每米缝隙的空气渗透量 q_L 不

应大于 1.5 $m^3/(m \cdot h)$，幕墙整体每小时每平方米面积的空气渗透量 q_A 不应大于 1.2 $m^3/(m^2 \cdot h)$。

4.3.5 冬季外墙和屋顶热桥部位的内表面温度不应低于室内空气露点温度。

5 供暖通风与空调系统

5.1 一般规定

5.1.1 系统设计应符合现行国家标准《民用建筑供暖通风与空气调节设计规范》GB 50736、《建筑节能与可再生能源利用通用规范》GB 55015 和现行上海市工程建设规范《公共建筑节能设计标准》DG/TJ 08—107 的规定。

5.1.2 系统设计应进行全年逐时动态冷热负荷计算，并应在逐时负荷分布及累积负荷概率分布分析基础上进行机组与设备选型。

5.1.3 空调水系统设计工况综合制冷性能系数（*SCOP*）不应低于 4.8，系统综合制冷性能系数应按下式计算：

$$SCOP = \frac{Q}{E_1 + E_2 + E_3 + E_4} \tag{5.1.3}$$

式中：Q——设计工况下冷源系统的年制冷量（kWh）；

E_1——冷水机组年耗电量（kWh）；

E_2——冷冻水泵年耗电量（kWh）；

E_3——冷却水泵年耗电量（kWh）；

E_4——冷却塔年耗电量（kWh）。

5.2 冷热源

5.2.1 供暖空调系统冷热源应根据建筑规模与能源供应条件，经技术经济性论证综合确定。

5.2.2 供热系统设计时，应优先选用余热、废热、可再生能源供热、电动压缩式热泵供热等热源方式。

5.2.3 地源热泵系统地埋管换热器应根据岩土热响应试验结果进行设计，并应符合现行上海市工程建设规范《地源热泵系统工程技术标准》DG/TJ 08—2119 的规定。

5.2.4 采用电机驱动的蒸气压缩循环冷水机组、多联式空调（热泵）机组、单元式空气调节机、风管送风式空调（热泵）机组、房间空气调节器、直燃型溴化锂吸收式冷（温）水机组在名义制冷工况和规定条件下的性能参数除应满足现行国家标准《建筑节能与可再生能源利用通用规范》GB 55015 中规定的性能指标要求外，不应小于表 5.2.4-1～表 5.2.4-6 的限值规定。

表 5.2.4-1 蒸气压缩循环冷水(热泵)机组能效指标限值

类型	名义制冷量 *CC*（kW）	能效指标限值	
		COP 限值	*CSPF*/*IPLV** 限值
水冷式	*CC*≤300	5.30	5.60
	300<*CC*≤528	5.60	7.20
	528<*CC*≤1 163	6.00	7.50
	CC>1 163	6.20	8.10
风冷式	*CC*≤50	—	4.00
	CC>50	3.20	4.10

注：* 该机组执行现行国家标准《蒸气压缩循环冷水（热泵）机组　第 1 部分：工业或商业用及类似用途的冷水（热泵）机组》GB/T 18430.1 和《蒸气压缩循环冷水（热泵）机组　第 2 部分：户用及类似用途的冷水（热泵）机组》GB/T 18430.2 规定，为舒适型机组。水冷式舒适型机组的能效指标为综合部分负荷性能系数 *IPLV*，风冷式舒适型机组的能效指标为制冷季节性能系数 *CSPF*。

表 5.2.4-2 磁悬浮水冷冷水(热泵)机组能效指标限值

类型	名义制冷量 *CC*(kW)	*COP* 限值	*IPLV* 限值
水冷离心式	*CC*≤528	5.60	8.33
	528<*CC*≤1 163	6.00	
	1 163<*CC*≤2 110	6.20	8.79
	CC>2 110	6.20	9.40

表 5.2.4-3 低环境温度空气源热泵(冷水)机组能效指标限制

类型	名义制热量(kW)	能效指标限值 *HSPF*/*APF* *
地板采暖型	≤35	3.20
风机盘管型		2.85
散热器型		2.40
地板采暖型	>35	3.20
风机盘管型		3.10
散热器型		2.40

注：* 该机组执行现行国家标准《低环境温度空气源热泵(冷水)机组 第1部分：工业或商业用及类似用途的热泵(冷水)机组》GB/T 25127.1和《低环境温度空气源热泵(冷水)机组 第2部分：户用及类似用途的热泵(冷水)机组》GB/T 25127.2规定。地板采暖型和散热器型机组的制热季节性能系数为*HSPF*，风机盘管型机组的能效指标为全年性能系数*APF*。

表 5.2.4-4 水冷多联式空调(热泵)机组制冷性能系数

类型	名义制冷量 *CC*(kW)	*IPLV* 限值
水冷多联机空调(热泵)	*CC*≤28	6.20
	28<*CC*≤84	6.10
	CC>84	6.00

表 5.2.4-5 风冷多联式空调(热泵)机组全年性能系数

类型	名义制冷量 *CC*(kW)	*APF* 限值
风冷多联机空调(热泵)	*CC*≤14	4.60
	14<*CC*≤28	4.50
	28<*CC*≤50	4.40
	50<*CC*≤68	4.10
	CC>68	3.90

表 5.2.4-6 房间空气调节器全年性能系数

类型	名义制冷量 *CC*(kW)	*APF* 限值
房间空气调节器	*CC*≤4.5	4.50
	4.5<*CC*≤7.1	4.00
	7.1<*CC*≤14.0	3.70

5.2.5 燃气热水锅炉名义工况下的热效率不应低于现行国家标准《工业锅炉能效限定值及能效等级》GB 24500 规定的 2 级能效要求。

5.2.6 热泵型新风环境控制一体机能效系数不应低于现行国家标准《热泵型新风环境控制一体机》GB/T 40438 规定的能效系数限值。

5.3 输配系统和末端

5.3.1 空调水系统设计应在保证系统安全稳定运行的基础上采取合理的降阻措施降低输配系统能耗。

5.3.2 空调水系统设计时，应进行水力平衡计算。水系统并联环路之间压力损失相对差额不应大于 15%，运行水流量与设计流量偏差不应大于 10%。

5.3.3 循环水泵应根据系统特性曲线和水泵性能曲线进行选型，设计工况点应处于水泵最高运行区，水泵效率不应低于现行国家标准《清水离心泵能效限定值及节能评价值》GB 19762 规定的节能评价值。水泵电机效率不应低于现行国家标准《电动机能效限定值及能效等级》GB 18613 规定的 2 级能效要求。

5.3.4 空调冷(热)水系统耗电输冷(热)比宜在现行上海市工程建设规范《公共建筑节能设计标准》DG/TJ 08—107 规定的基础上降低 20%。

5.3.5 通风机宜采用变速风机，设计工况下风机效率不应低于现行国家标准《通风机能效限定值及能效等级》GB 19761 规定的2级能效要求。风机电机效率不应低于现行国家标准《电动机能效限定值及能效等级》GB 18613 规定的2级能效要求。

5.3.6 空气-空气能量回收宜采取全热回收方式，全年运行的能量回收装置应设置旁通风管，空气热回收机组运行能效系数不应低于4.8。

5.3.7 风道系统单位风量耗功率宜在现行上海市工程建设规范《公共建筑节能设计标准》DG/TJ 08—107 规定的基础上降低20%。

5.3.8 冷却塔的冷却能力应满足逼近度的设计要求，开式冷却塔设计工况下耗电比不应低于现行国家标准《机械通风冷却塔　第1部分：中小型开式冷却塔》GB/T 7190.1 规定的2级能效要求。

5.3.9 风机盘管机组宜选用直流无刷电机，其供冷能效系数与供暖能效系数不应低于《风机盘管机组》GB/T 19232 规定的能效限值。

6 电气系统

6.1 照 明

6.1.1 建筑照度、统一眩光值、照度均匀度、一般显色指数应符合现行国家标准《建筑照明设计标准》GB/T 50034 的规定。室外照明设计应符合现行国家标准《建筑环境通用规范》GB 55016 的规定。

6.1.2 建筑照明功率密度设计值应满足表 6.1.2-1 和表 6.1.2-2 规定限值的现行值要求，宜满足规定限值的目标值要求。

表 6.1.2-1 办公建筑照明功率密度限值

房间或场所	照度标准值(lx)	照明功率密度限值(W/m²)	
		现行值	目标值
普通办公室、会议室	300	≤8.0	≤6.5
高档办公室、设计室	500	≤13.5	≤9.5
服务大厅	300	≤10.0	≤8.0

表 6.1.2-2 办公建筑通用房间或场所照明功率密度限值

房间或场所		照度标准值(lx)	照明功率密度限值(W/m²)	
			现行值	目标值
走廊	普通	50	≤2.0	≤1.5
	高档	100	≤3.5	≤2.5
厕所	普通	75	≤3.0	≤2.0
	高档	150	≤5.0	≤3.5
试验室	一般	300	≤8.0	≤6.5
	精细	500	≤13.5	≤9.5

续表6.1.2-2

房间或场所		照度标准值(lx)	照明功率密度限值(W/m^2)	
			现行值	目标值
检验	一般	300	≤8.0	≤6.5
	精细,有颜色要求	750	≤21.0	≤16.0
计量室、测量室		500	≤13.5	≤9.5
控制室	一般控制室	300	≤8.0	≤6.5
	主控制室	500	≤13.5	≤9.5
电话站、网络中心、计算机站		500	≤13.5	≤9.5
动力站	风机房、空调机房	100	≤3.5	≤2.5
	泵房	100	≤3.5	≤2.5
	冷冻站	150	≤5.0	≤3.5
	锅炉房	100	≤4.5	≤3.5
公共机动车库	车道	50	≤1.9	≤1.4
	车位	30		

6.1.3 光源的选择应满足显色性、启动时间等要求,并应根据光源、灯具及镇流器、驱动电源等的效率或效能与寿命进行综合技术经济分析后确定。

6.1.4 照明谐波含量应符合现行国家标准《电磁兼容 限值 第1部分:谐波电流发射限值(设备每相输入电流≤16 A)》GB 17625.1规定的谐波电流限值要求。

6.1.5 建筑照明应采用LED等具有高效光源的节能照明产品。

6.2 供配电

6.2.1 建筑供配电系统应满足使用功能和系统可靠性要求,配变电所宜靠近负荷中心和大功率用电设备。

6.2.2 应选用低损耗型、Dyn11结线组别的变压器,变压器容量指标不宜大于 70 VA/m²，不应大于 110 VA/m²。

6.2.3 变压器低压侧应设置集中无功补偿装置。10 kV 及以上高压供电的电力用户进线侧功率因数不宜低于 0.95，0.4/0.23 kV 供电的电力用户进线侧功率因数不宜低于 0.90。

6.2.4 供配电系统三相负荷的不平衡度宜小于 15%。

6.3 设 备

6.3.1 室内人员长期停留场所选用 LED 灯的功率因数应符合表 6.3.1 的规定，能效等级不应低于现行国家标准《室内照明用 LED 产品能效限定值及能效等级》GB 30255 规定的 2 级能效要求。LED 照明产品光输出波形的波动深度应满足现行国家标准《LED 室内照明应用技术要求》GB/T 31831 的规定。

表 6.3.1 LED 灯功率因数限值

功率	功率因数
≤5 W	≥0.70
>5 W	≥0.90

6.3.2 变压器能效值不应低于现行国家标准《电力变压器能效限定值及能效等级》GB 20052 规定的 2 级能效要求。

6.3.3 电动机能效不应低于现行国家标准《电动机能效限定值及能效等级》GB 18613 规定的 2 级能效要求。

6.3.4 办公设备能效不应低于相关国家能效标识 2 级能效要求。

7 给排水系统

7.1 给水系统

7.1.1 给水系统应充分利用市政管网水压直接供水。当市政给水管网水压、水量不足时，应设置二次加压与调蓄设施。

7.1.2 建筑各分区静水压力不宜大于 0.45 MPa。用水点处供水压力不应大于 0.20 MPa，大于 0.20 MPa 的配水支管应采取减压措施。

7.1.3 给水泵、循环冷却水泵应根据管网水力计算选型，水泵在设计工况下应处于高效区内运行。水泵效率不应低于现行国家标准《清水离心泵能效限定值及节能评价值》GB 19762 规定的节能评价值。

7.1.4 循环冷却水系统水泵并联台数不宜大于 3 台。当台数大于 3 台时，应采用流量均衡技术措施。

7.1.5 给水系统的管材、阀门、配件等应采用低阻力、低水耗产品。

7.1.6 卫生器具和配件的水效等级不应低于国家现行相关标准的 2 级水效要求。

7.1.7 卫生器具和配件的选择应符合下列规定：

1 卫生间洗手盆应采用感应式或延时自闭式水嘴。

2 卫生间小便器应采用感应式或延时自闭式冲洗阀。

7.2 热水系统

7.2.1 用水点分散、日最高用水量小于 5 m^3(按 60℃计)的建筑宜采用局部热水供应系统。

7.2.2 热水用水定额宜按 8 L/(人·班)取值，热水、冷水的设计计算温度应符合现行国家标准《建筑给水排水设计标准》GB 50015、《民用建筑节水设计标准》GB 50555 的规定。

7.2.3 热水系统耗热量、热水量和加热设备供热量的计算应符合现行国家标准《建筑给水排水设计标准》GB 50015 的规定。

7.2.4 集中热水供应系统热源选择应符合现行国家标准《建筑节能与可再生能源利用通用规范》GB 55015 的规定。系统形式应按下列顺序选择：

1 采用具有稳定、可靠的余热、废热、地热。采用地热为热源时，应按地热水的水温、水质和水压采用相应技术措施满足使用要求。

2 采用太阳能热水系统为主、空气源热泵辅助或直接采用直膨式太阳能热泵热水系统形式。

3 采用空气源热泵热水系统形式。

4 采用燃气热水锅炉或其他系统形式。

7.2.5 采用空气源热泵热水机组制备生活热水时，机组性能系数不应低于现行国家标准《热泵热水机(器)能效限定值及能效等级》GB 29541 规定的 2 级能效要求，并应有保证水质的有效措施。

7.2.6 办公建筑宜采用即热式电热水器。采用储水式电热水器时，其能效系数不应低于现行国家标准《储水式电热水器能效限定值及能效等级》GB 21519 规定的 2 级能效要求。

7.2.7 燃气锅炉作为生活热水热源时，其额定工况下热效率不应低于 94%。采用户式燃气供暖热水炉时，其热效率不应低于现行国家标准《建筑节能与可再生能源利用通用规范》GB 55015 的规定。

7.2.8 饮水机能效不应低于现行国家标准《饮水机能效限定值及能效等级》GB 30978 规定的 2 级能效要求，并宜采用定时控制。

8 可再生能源系统

8.1 一般规定

8.1.1 新建党政机关办公建筑屋顶光伏安装面积比例不应低于50%，其他类型办公建筑屋顶光伏安装面积比例不应低于30%。

8.1.2 浅层地热能系统设计应符合本标准第5章的相关规定。

8.1.3 建筑可再生能源利用量不应低于现行上海市工程建设规范《民用建筑可再生能源综合利用核算标准》DG/TJ 08—2329的要求。

8.1.4 太阳能系统宜采用建筑太阳能一体化(BIPV)技术。一体化系统设计应满足建筑围护结构保温、隔热、防水与结构安全要求，非一体化系统设计应做好建筑围护结构的保温、隔热与防水层的保护。

8.1.5 太阳能系统设计应预留或安装后期性能测试所需仪表的接口，主要设备和部件应符合国家相关产品要求。

8.1.6 太阳能系统应对下列参数进行计量：

1 太阳能热水系统：投射到太阳集热器表面的太阳总辐射量、室外空气温度、太阳能热水系统冷水温度、供热水温度、集热器进出口水温、集热器系统循环水流量、辅助热源供热量。

2 太阳能光伏系统：投射到光伏组件表面的太阳总辐射量、室外空气温度、组件背板表面温度、系统发电量、系统供电量、系统上网电量。

8.2 太阳能光伏系统

8.2.1 太阳能光伏系统设计应符合下列要求：

1 光伏组件应根据太阳辐射量、气候特征、场地条件等因素，经技术经济比较后确定。

2 逆变器应按形式、容量、相数、频率、功率因数、过载能力、效率、输入输出电压、最大功率点跟踪、保护和监测功能、通信接口、温升、冷却方式、防护等级等技术条件确定。逆变器性能应符合现行国家标准《光伏发电并网逆变器技术要求》GB/T 37408 的规定。

3 光伏组串汇流箱应依据型式、绝缘水平、电压、输入回路数、输入额定电流、防护等级等技术条件确定，并应符合现行国家标准《光伏发电站汇流箱技术要求》GB/T 34936 的规定。

4 光伏发电系统应遵循“自发自用，余电上网”原则，并网方式和安全保护要求应符合现行国家标准《光伏发电接入配电网设计规范》GB/T 50865 的规定。

5 光伏发电系统宜采用直流供电方式，宜配置储能装置，系统输出电力的电能质量应符合国家现行相关标准的规定。

6 光伏发电系统应配置防孤岛保护，当检测到孤岛时应断开与配电网连接。

7 光伏发电系统应配置电能计量装置。

8 光伏发电系统监测与计量参数应符合现行国家标准《建筑节能与可再生能源利用通用规范》GB 55015 的规定。

9 光伏发电系统的防雷和接地应符合现行国家标准《民用建筑电气设计标准》GB 51348 的规定。

8.2.2 光伏方阵容量的选择应遵循下列原则：

1 应根据建筑利用条件确定光伏组件的规格、安装位置、安装方式和可安装面积。

2 应根据光伏组件规格及可安装面积确定光伏方阵最大可安装容量。

3 光伏组件串联数应根据逆变器额定直流电压、最大功率点跟踪电压范围、光伏组件最大输出工作电压及其温度系数确定。

4 光伏组件并联数应根据光伏方阵与逆变器之间的容量配比确定，光伏组件安装容量与逆变器额定容量之比宜在1.2～1.5之间。

8.2.3 光伏方阵布置应符合下列要求：

1 光伏方阵宜采用固定式支架，方阵安装倾角应经技术经济比较后确定。

2 固定倾角安装的光伏方阵前后排间距宜满足冬至日9:00—15:00真太阳时段内不产生阴影遮挡。

3 应设置满足系统日常维护、检修、清洗、设备更换等要求的运维通道。

4 光伏方阵与屋面之间的空间距离应满足安装、通风和散热要求。

5 光伏方阵应避开易燃易爆、高温发热、腐蚀性物质、污染性环境等。

6 光伏方阵安装位置应设置防止光伏组件损坏、坠落的安全防护措施。

7 透明光伏幕墙的性能应符合现行行业标准《玻璃幕墙工程技术规范》JGJ 102的规定。

8 光伏方阵及构件的结构与安全设计应符合现行上海市工程建设规范《建筑太阳能光伏发电应用技术标准》DG/TJ 08—2004B的规定。

8.2.4 晶硅太阳能光伏组件发电效率不应低于20%。非晶硅太阳能光伏组件发电效率不应低于12%。

8.2.5 建筑太阳能光伏发电系统总体效率不应低于75%。

8.3 太阳能热水系统

8.3.1 太阳能热水系统设计应符合下列规定：

1　集热系统集热器总面积应按平均日耗热量、太阳能保证率和系统形式确定。

2　集热器总面积补偿系数应符合现行上海市工程建设规范《太阳能热水系统应用技术规程》DG/TJ 08—2004A 的规定。

3　集热系统热损失应根据集热器类型、集热管路长度、集热水箱大小、集热系统保温性能等因素综合确定。

4　集热系统附属设施的设计应符合现行上海市工程建设规范《太阳能热水系统应用技术规程》DG/TJ 08—2004A 的规定。

5　太阳能集热系统应设防过热、防爆、防冻、防倒热循环、防雷击和防坠落等安全设施。

6　热水系统监测与计量参数应符合现行国家标准《建筑节能与可再生能源利用通用规范》GB 55015 的规定。

8.3.2　太阳能热水系统辅助热源宜采用空气源热泵热水系统型式，辅助热源能耗应独立计量。

8.3.3　太阳能热水系统控制系统设计应符合下列规定：

1　控制应遵循最大化优先利用太阳能资源为原则。

2　控制应具有主要运行参数设置并即时显示的功能。

3　系统应具备冬季防冻、夏季防过热的控制功能。

8.3.4　太阳能热水系统全年太阳能保证率不宜低于 45%，太阳能热水系统集热效率不应低于 50%。

8.3.5　建筑太阳能热水系统总体效率不应低于 75%。

9 监测与控制系统

9.1 监测要求

9.1.1 建筑用能监测系统设计应符合现行国家标准《建筑节能与可再生能源利用通用规范》GB 55015、《建筑电气与智能化通用规范》GB 55024 和现行上海市工程建设规范《公共建筑用能监测系统工程技术标准》DG/TJ 08—2068 的有关规定。

9.1.2 建筑能耗监测系统应具有分类、分项、分区计量功能，计量内容应符合下列规定：

1 耗电量应包括照明与插座、供暖与空调、动力、特殊用电等分项数据。

2 耗气量应包括供暖、生活热水、厨房餐饮等分项数据。

3 耗油量应包括柴油和燃料油等分项数量。

4 用水量应包括空调、餐饮、生活用水、其他等分项数据。

5 外供冷源或热源应包括供热量和供冷量。

6 可再生能源利用量应包括太阳能热水系统、太阳能光伏系统、地源热泵系统等利用数据。

9.1.3 采用的多功能电能表和数字电能表精度等级不应低于1.0级，数字电表应至少具有计量三相(单相)有功电能功能，电流互感器精度等级不应低于0.5级，数字燃气表精度等级不应低于2.0级，数字(冷)热量表准确度等级不应低于3级。

9.1.4 建筑能耗数据采集宜采用自动计量方式，数据采集时间间隔不应大于15 min，自动计量方式所采集的数据应通过标准通信接口上传至能耗监测系统。

9.1.5 建筑设备监控系统应具备自诊断、自动恢复、故障报警功能。

9.1.6 建筑能耗监测系统应具有温度、湿度、新风量等室内外环境参数监测功能，宜具有 PM_{10}、$PM_{2.5}$、CO_2 浓度等空气质量监测功能。

9.1.7 建筑能耗监测系统存储功能不应少于1个完整日历年，不宜少于3个完整日历年。

9.2 控制要求

9.2.1 集中空调系统应设置室温调控装置和监控系统。监控系统应具备监测功能、自动启停功能、分析功能与管理功能，宜设置能效监测功能。

9.2.2 空气源热泵机组应具有先进可靠的融霜控制，融霜时间总和不应超过运行周期时间的20%。

9.2.3 采用 CO_2 浓度监测值对新风需求进行控制时，应设置控制域。

9.2.4 当过渡季或夏季室外空气温度较低时，空调系统应能实现全新风或增大新风比运行，新风比不宜低于50%。

9.2.5 冷却塔在保证系统安全运行基础上，应采用合理控制策略降低冷却塔逼近度。条件允许时，可采用免费供冷模式。

9.2.6 照明控制应符合下列规定：

1 应能根据照明需求进行节能控制。

2 有天然采光的场所区域，其照明应根据采光状况采取分区、分组控制措施，且应独立于其他区域的照明控制。设置电动遮阳的场所，宜设置与其联动的照度控制。

3 楼梯间、走道、地下车库等场所，宜设置红外或微波传感器实现照明自动点亮、延时关闭或降低照度的控制。有天然采光的楼梯间、廊道等的一般照明，应采用按照度或时间表开关的节能控制方式。

4 景观照明应至少有3种照明控制模式，平日应运行在节能模式，应设置深夜减光或关灯的节能控制。

9.2.7 电梯系统的控制应符合下列规定：

1 应采用变压变频调速（VVVF）拖动方式，技术经济性合理时可采用能量回馈装置。

2 2台及以上电梯集中排列时，应设置群控措施。

3 电梯应具备无外部召唤且电梯轿厢内一段时间无预置指令时自动转为节能运行模式的功能。

附录 A　建筑年综合能耗和碳排放指标计算方法

A.1　办公建筑年综合能耗指标计算方法

A.1.1　办公建筑年综合能耗应包括供暖通风空调、照明、办公设备、电梯和生活热水等所有为办公建筑功能服务的末端用能能耗。

A.1.2　办公建筑年综合能耗指标计算公式如下：

$$E=\frac{(E_{\text{hvac}}+E_{\text{l}}+E_{\text{p}}+E_{\text{e}}+E_{\text{hw}})}{A} \tag{A.1.2}$$

式中：E——办公建筑年综合能耗指标[$\text{kWh}_{\text{等效电}}/(\text{m}^2\cdot\text{a})$]；

E_{hvac}——办公建筑供暖通风空调年能耗($\text{kWh}_{\text{等效电}}$)；

E_{l}——办公建筑照明年电耗(kWh)；

E_{p}——办公建筑设备年电耗(kWh)；

E_{e}——办公建筑电梯年电耗(kWh)；

E_{hw}——办公建筑生活热水年能耗($\text{kWh}_{\text{等效电}}$)；

A——综合能耗指标计算时采用的建筑面积，为总建筑面积扣除室内车库面积、非建筑自用数据机房面积、商业及餐饮等非办公区域面积后的面积(m^2)。

A.1.3　办公建筑供暖通风空调年能耗计算公式如下：

$$E_{\text{hvac}}=E_{\text{h}}+E_{\text{c}} \tag{A.1.3-1}$$

式中：E_{h}——办公建筑年供暖能耗($\text{kWh}_{\text{等效电}}$)；

E_{c}——办公建筑年供冷能耗(kWh)。

1　办公建筑年供暖能耗计算公式

采用热泵热水机组供暖时

$$E_{h}=E_{h,s}+E_{h,p}+E_{h,f}+E_{h,t} \quad (A.1.3-2)$$

采用燃气锅炉供暖时

$$E_{h}=E_{h,b}+E_{h,p}+E_{h,f}+E_{h,t} \quad (A.1.3-3)$$

采用热泵直接供暖时

$$E_{h}=E_{h,s}+E_{h,f}+E_{h,t} \quad (A.1.3-4)$$

式中：$E_{h,s}$——热泵机组供暖年用电量(kWh)；

$E_{h,p}$——供暖水泵年用电量(kWh)；

$E_{h,f}$——新风风机或空调箱风机供暖年用电量(kWh)；

$E_{h,t}$——风机盘管或室内机供暖年用电量(kWh)；

$E_{h,b}$——燃气锅炉供暖年用电量($kWh_{等效电}$)。

1）热泵机组供暖能耗计算公式

$$E_{h,s}=\sum_{i}\left(\frac{Q_{h,i}}{COP_{h,i}}\times t_{h,i}\right) \quad (A.1.3-5)$$

式中：$Q_{h,i}$——室外温度 i 时热泵提供的供暖热负荷(kW)；

$COP_{h,i}$——室外温度 i 时热泵机组供暖性能系数(kW/kW)；

$t_{h,i}$——室外温度 i 时热泵机组供暖运行小时数(h)。

2）燃气锅炉供暖能耗计算公式

$$E_{h,b}=\sum_{i}\left(\frac{Q_{h,i}}{\eta_{b}\times Q_{DW}}\times f\times t_{h,i}\right) \quad (A.1.3-6)$$

式中：$Q_{h,i}$——室外温度 i 时燃气锅炉提供的供暖热负荷(kW)；

η_{b}——燃气锅炉额定热效率(%)；

Q_{DW}——燃气低位发热量，取为 10.81 $kWh_{热值}/Nm^{3}$；

f——燃气折算为电力的能源换算系数(4.75 $kWh_{等效电}/Nm^{3}$)；

$t_{h,i}$——室外温度 i 时燃气锅炉运行小时数(h)。

3）供暖水泵能耗计算公式

$$E_{h,p}=0.002\,342\times\sum_{i}\frac{Q_{h,i}\times H_{h,i}}{\eta_{m,p}\times\eta_{h,i}\times\Delta T_{h}}\times t_{h,i}$$

(A.1.3-7)

式中：$Q_{h,i}$——室外温度 i 时建筑提供的供暖热负荷(kW)；

$H_{h,i}$——室外温度 i 时建筑供暖水泵的扬程(m)，$H_{h,i}=\left(\frac{Q_{h,i}}{Q_{h}}\right)^{2}\times H_{h}$；

Q_{h}——设计工况下的建筑供暖热负荷(kW)；

H_{h}——设计工况下供暖水泵的扬程(m)；

$\eta_{m,b}$——供暖水泵的机械效率，一般取 0.885；

$\eta_{h,i}$——室外温度 i 时供暖水泵效率(%)；

ΔT_{h}——供暖供回水温差(℃)，一般取 5℃；

$t_{h,i}$——室外温度 i 时供暖水泵运行小时数(h)。

4）新风或空调箱供暖用电量计算公式

$$E_{h,f}=\sum_{i}\frac{P_{f,i}}{3\,600\times\eta_{m,f}\times\eta_{f,i}}\times V_{f,i}\times t_{f,i}\times10^{-3}$$

(A.1.3-8)

式中：$P_{f,i}$——室外温度 i 时风机供暖时的全压(Pa)；

$\eta_{m,f}$——风机电机传动效率，一般取 0.855；

$\eta_{f,i}$——室外温度 i 时风机供暖效率，一般取 0.78；

$V_{f,i}$——室外温度 i 时风机供暖送风量(m^3/h)；

$t_{f,i}$——室外温度 i 时风机供暖运行小时数(h)。

5）风机盘管或室内机供暖用电量计算公式

$$E_{h,t}=\sum_{i}P_{h,t}\times t_{h,t,i}\times10^{-3}\qquad(A.1.3\text{-}9)$$

式中：$P_{h,t}$——室外温度 i 时风机盘管或室内机供暖时的功率(W)；

$t_{h,t,i}$——室外温度 i 时风机盘管或室内机供暖运行小时数(h)。

2 办公建筑年供冷能耗计算公式

采用冷水(热泵)机组供冷时

$$E_c = E_{c,s} + E_{c,p} + E_{ct,p} + E_{ct,f} + E_{c,f} + E_{c,t} \tag{A.1.3-10}$$

采用热泵直接供冷时

$$E_c = E_{c,s} + E_{c,f} + E_{c,t} \tag{A.1.3-11}$$

式中:$E_{c,s}$——冷水(热泵)机组供冷年用电量(kWh);

$E_{c,p}$——供冷冷水泵年用电量(kWh);

$E_{ct,p}$——供冷冷却水泵年用电量(kWh);

$E_{ct,f}$——供冷冷却塔风机年用电量(kWh);

$E_{c,f}$——新风风机或空调箱风机供冷年用电量(kWh);

$E_{c,t}$——风机盘管或室内机供冷年用电量(kWh)。

1) 冷水(热泵)机组供冷用电量计算公式

$$E_{c,s} = \sum_i \left(\frac{Q_{c,i}}{COP_{c,i}} \times t_{c,i}\right) \tag{A.1.3-12}$$

式中:$Q_{c,i}$——室外温度 i 时冷水(热泵)机组供冷负荷(kW);

$COP_{c,i}$——室外温度 i 时冷水(热泵)机组供冷性能系数(kW/kW);

$t_{c,i}$——室外温度 i 时冷水(热泵)机组供冷运行小时数(h)。

2) 供冷水泵能耗计算公式

$$E_{c,p} = 0.002\,342 \times \sum_{\mathrm{i}} \frac{Q_{c,i} \times H_{c,i}}{\eta_{m,p} \times \eta_{c,i} \times \Delta T_c} \times t_{c,i} \tag{A.1.3-13}$$

式中:$Q_{c,i}$——室外温度 i 时建筑提供的供冷负荷(kW);

$H_{c,i}$——室外温度 i 时建筑供冷水泵扬程(m)，$H_{c,i}=\left(\frac{Q_{c,i}}{Q_c}\right)^2\times H_c$；

Q_c——设计工况下的建筑供冷负荷(kW)；

H_c——设计工况下供冷水泵扬程(m)；

$\eta_{m,p}$——供冷水泵机械效率，一般取 0.885；

$\eta_{c,i}$——室外温度 i 时供冷水泵效率(%)；

ΔT_c——供冷供回水温差(℃)，一般取 5℃；

$t_{c,i}$——室外温度 i 时供冷水泵运行小时数(h)。

3) 冷却水泵能耗计算公式

$$E_{ct,p}=0.002\,342\times\sum_i\frac{Q_{c,i}\times H_{ct,i}}{\eta_{m,p}\times\eta_{ct,i}\times\Delta T_{ct,i}}\times\left(1+\frac{1}{COP_{c,i}}\right)\times t_{ct,i}\tag{A.1.3-14}$$

$$H_{ct,i}=\left(\frac{Q_{c,i}}{Q_c}\times\frac{COP_c}{COP_{c,i}}\times\frac{1+COP_{c,i}}{1+COP_c}\right)^2\times H_{ct}\tag{A.1.3-15}$$

式中：$Q_{c,i}$——室外温度 i 时建筑提供的供冷负荷(kW)；

$H_{ct,i}$——室外温度 i 时冷却水泵的扬程(m)；

Q_c——设计工况下的建筑供冷负荷(kW)；

H_{ct}——设计工况下冷却水泵的扬程(m)；

COP_c——设计工况下供冷冷水机组性能系数(kW/kW)；

$COP_{c,i}$——室外温度 i 时冷水(热泵)机组供冷性能系数(kW/kW)；

$\eta_{m,p}$——冷却水泵机械效率，一般取 0.885；

$\eta_{ct,i}$——室外温度 i 时冷却水泵效率(%)；

ΔT_{ct}——冷却水供回水温差(℃)，一般取 5℃；

$t_{ct,i}$——室外温度 i 时冷却水泵运行小时数(h)。

4) 冷却塔风机能耗计算公式

$$E_{ct,f}=0.030\times\sum_{i}\frac{3.6\times Q_{c,i}}{C_p\times\Delta T_{ct,i}}\times\left(1+\frac{1}{COP_{c,i}}\right)\times t_{ct,f,i}$$

(A.1.3-16)

式中:$Q_{c,i}$——室外温度 i 时建筑提供的供冷负荷(kW);

C_p——冷却水的定压比热[kJ/(kg·℃)],一般取 4.18 kJ/(kg·℃);

$\Delta T_{ct,i}$——室外温度 i 时冷却水供回水温差(℃);

$COP_{c,i}$——室外温度 i 时冷水(热泵)机组供冷性能系数(kW/kW);

$t_{ct,f,i}$——室外温度 i 时冷却塔风机运行小时数(h)。

5) 新风或空调箱供冷用电量计算公式

$$E_{c,f}=\sum_{i}\frac{P_{f,i}}{3\,600\times\eta_{m,f}\times\eta_{f,i}}\times V_{f,i}\times t_{f,i}\times10^{-3}$$

(A.1.3-17)

式中:$P_{f,i}$——室外温度 i 时风机供冷时的全压(Pa);

$\eta_{m,f}$——风机电机传动效率,一般取 0.855;

$\eta_{f,i}$——室外温度 i 时风机供冷效率,一般取 0.78;

$V_{f,i}$——室外温度 i 时风机供冷送风量(m^3/h);

$t_{f,i}$——室外温度 i 时风机供冷运行小时数(h)。

6) 风机盘管或室内机供冷用电量计算公式

$$E_{c,t}=\sum_{i}P_{c,t}\times t_{c,t,i}\times10^{-3}\qquad(A.1.3\text{-}18)$$

式中:$P_{c,t}$——室外温度 i 时风机盘管或室内机供冷时的功率(W);

$t_{ct,i}$——室外温度 i 时风机盘管或室内机供冷运行小时数(h)。

A.1.4 办公建筑照明年能耗计算方法

$$E_l = \sum_i LPD_{l,i} \times A_i \times t_{l,i} \times f_{l,i} \times 10^{-3} \quad \text{(A.1.4)}$$

式中：$LPD_{l,i}$——区域 i 的照明功率密度值（W/m^2）；

A_i——区域 i 的面积（m^2）；

$t_{l,i}$——区域 i 照明年运行小时数（h），等于日运行时间与年运行天数的乘积，计算时年运行天数取 250 d，日运行时间按表 A.2.2-4 取值；

$f_{l,i}$——区域 i 照明灯具同时使用系数，计算时取 0.65。

A.1.5 办公建筑设备年能耗计算方法

$$E_p = \sum LPD_{p,i} \times A_i \times f_{p,i} \times t_{p,i} \times 10^{-3} \quad \text{(A.1.5)}$$

式中：$LPD_{p,i}$——区域 i 的设备功率密度值（W/m^2）；

A_i——区域 i 的面积（m^2）；

$f_{p,i}$——区域 i 的设备同时使用系数，计算时取 0.70；

$t_{p,i}$——办公设备年运行小时数（h），等于日运行时间与年运行天数的乘积，计算时年运行天数取 250 d，日运行时间按表 A.2.2-7 取值。

A.1.6 办公建筑电梯年能耗计算方法

额定功率、额定速度和待机能耗已知时，电梯年运行能耗简化计算公式如下：

$$E_e = d_e \times \sum_n \left\{ k_L \times P_0 \times \left(\frac{S_{av} \times H}{v} + t_d \right) \times \frac{n_d}{3\,600} + P_{st} \times \left[24 - \left(\frac{S_{av} \times H}{v} + t_d \right) \times \frac{n_d}{3\,600} \right] \right\} \quad \text{(A.1.6-1)}$$

式中：d_e——电梯全年运行天数（d），对于办公建筑取 250 d；

k_L——电梯荷载系数，按表 A.1.6 取值；

n——电梯数量,按设计图纸取值;

P_0——电梯额定功率(kW),按设计图纸取值;

S_{av}——电梯日平均运行距离百分比(%),按表 A.1.6 取值;

H——电梯设计提升高度(m),按设计图纸取值;

v——电梯额定速度(m/s),按设计图纸取值;

t_d——电梯完成一次开关门时间(s),计算时取 10 s;

n_d——电梯日运行次数(次),按表 A.1.6 取值;

P_{st}——电梯待机功率(kW),按设计图纸取值。

能效等级和空闲/待机功率已知时,电梯年运行能耗简化计算公式如下:

$$E_e = d_e \times \sum_n \left\{ E_{spr} \times Q \times S_{av} \times H \times \frac{n_d}{1\,000} + P_{st} \times \left[24 - \left(\frac{S_{av} \times H}{v} + t_d \right) \times \frac{n_d}{3\,600} \right] \right\} \times \frac{1}{1\,000} \tag{A.1.6-2}$$

式中:E_{spr}——电梯能效等级对应的运行能源消耗[mWh/(kg·m)],2级能效等级的电梯运行能耗消耗应不大于 1.08 mWh/(kg·m);

k_L——电梯荷载系数,按表 A.1.6 取值;

Q——电梯额定载重量(kg);

P_{st}——电梯空闲/待机功率(W),2 级能效等级的电梯待机功率应不大于 100 W。

表 A.1.6 电梯日运行次数 n_d

使用类别	1	2	3	4	5
额定速度,v(m/s)	1.0	1.6	2.5	5.0	5.0
每天运行次数,n_d(次)	125	300	750	1 500	2 500
日平均运行距离百分比,S_{av}(%)	49	49	44	39	32

续表A.1.6

使用类别		1	2	3	4	5
荷载系数，k_L	额定载重量≤800 kg	0.88	0.88	0.86	0.79	0.69
	800 kg<额定载重量≤1 275 kg	0.93	0.93	0.91	0.87	0.78
	1 275 kg<额定载重量≤2 000 kg	0.96	0.96	0.95	0.92	0.86
	额定载重量>2 000 kg	0.97	0.97	0.97	0.96	0.91

A.1.7 办公建筑生活热水年能耗计算方法

$$E_{hw}=\sum_{i=1}^{12}\frac{L_i\times n\times d_i\times \rho_r\times C_p\times(t_r-t_{l,i})\times f\times 10^{-3}}{Q_{DW}\times \eta_i}$$

(A.1.7)

式中：E_{hw}——办公建筑生活热水系统用电量($kWh_{等效电}$)；

L_i——办公建筑平均日热水用水定额[L/(人·d)]，一般取值为8 L/(人·班)；

n——办公建筑总热水用水人数(人)，如无设计人数时，按9 m^2/人估算；

d_i——月工作日天数(d)；

ρ_r——热水密度(kg/m^3)；

C_p——水的定压比热[kJ/(kg·℃)]，一般取4.187 kJ/(kg·℃)；

t_h——热水温度(℃)，一般取60℃；

$t_{l,i}$——冷水温度(℃)，按表A.1.7选取；

f——能源换算系数，燃气取4.75 $kWh_{等效电}/Nm^3$，电力取1 $kWh_{等效电}/kWh$；

Q_{DW}——燃料单位发热量，燃气取3 8931 kJ/Nm^3，电力取3 600 kJ/kWh；

η_i——热水设备效率，热泵系统取4.4，电热水器取0.98，燃气系统取 0.94。

A.1.7 上海市逐月平均冷水温度

月份	1	2	3	4	5	6	7	8	9	10	11	12
冷水温度(℃)	3.6	6.4	7.4	14.2	19.5	23.0	27.2	26.7	22.7	17.6	12.4	6.3

A.2 办公建筑供暖空调冷热负荷计算方法

A.2.1 计算软件要求

1 能计算 10 个以上建筑热工分区。

2 能逐时分区设置人员数量、照明功率、设备功率、室内温湿度参数。

3 能逐时设置供暖空调系统、照明、新风机组、设备运行时间。

4 能计入建筑围护结构热桥、遮阳及蓄热性能影响。

5 能计算全年 8 760 h 的逐时冷热负荷。

6 能输入冷热源、风机和水泵设备选型功能。

7 能输入冷热源、风机和水泵部分负荷运行效率曲线。

8 能逐时根据冷热负荷需求和机组/设备的部分负荷效率曲线计算用电量。

9 能直接生成建筑能耗计算报告。

A.2.2 计算参数设置

1 供暖空调系统工作时间应符合表 A.2.2-1 的规定。

表 A.2.2-1 供暖空调系统日运行时间

工作日	7:00—18:00
节假日	—

2 供暖空调区工作日室内温湿度应符合表 A.2.2-2 和表 A.2.2-3 的规定。

表 A.2.2-2 供暖空调区工作日室内温度

时段												
时间	1	2	3	4	5	6	7	8	9	10	11	12
空调	—	—	—	—	—	—	28	26	26	26	26	26
供暖	—	—	—	—	—	—	18	20	20	20	20	20
时段												
时间	13	14	15	16	17	18	19	20	21	22	23	24
空调	26	26	26	26	26	26	—	—	—	—	—	—
供暖	20	20	20	20	20	20	—	—	—	—	—	—

表 A.2.2-3 供暖空调区工作日室内湿度

时段												
时间	1	2	3	4	5	6	7	8	9	10	11	12
空调	—	—	—	—	—	—	60	60	60	60	60	60
供暖	—	—	—	—	—	—	30	30	30	30	30	30
时段												
时间	13	14	15	16	17	18	19	20	21	22	23	24
空调	60	60	60	60	60	60	—	—	—	—	—	—
供暖	30	30	30	30	30	30	—	—	—	—	—	—

3 照明功率密度应符合本标准第 6.1.2 条的规定，照明使用率应符合表 A.2.2-4 的规定。

表 A.2.2-4 照明使用率

时段												
时间	1	2	3	4	5	6	7	8	9	10	11	12
工作日	0	0	0	0	0	0	10	50	95	95	95	80
节假日	0	0	0	0	0	0	0	0	0	0	0	0
时段												
时间	13	14	15	16	17	18	19	20	21	22	23	24
工作日	80	95	95	95	95	30	30	0	0	0	0	0
节假日	0	0	0	0	0	0	0	0	0	0	0	0

4 人员密度应符合设计要求，当设计未明确时，人员密度按 9 m^2/人设置。人员在室率应符合表 A.2.2-5 的规定。

表 A.2.2-5 人员在室率

时段												
时间	1	2	3	4	5	6	7	8	9	10	11	12
工作日	0	0	0	0	0	0	10	50	95	95	95	80
节假日	0	0	0	0	0	0	0	0	0	0	0	0
时段												
时间	13	14	15	16	17	18	19	20	21	22	23	24
工作日	80	95	95	95	95	30	30	0	0	0	0	0
节假日	0	0	0	0	0	0	0	0	0	0	0	0

5 新风量应符合本标准第 3.0.4 条的规定，新风系统开启应符合表 A.2.2-6 的规定。

表 A.2.2-6 新风系统开启情况

时段												
时间	1	2	3	4	5	6	7	8	9	10	11	12
工作日	0	0	0	0	0	0	1	1	1	1	1	1
节假日	0	0	0	0	0	0	0	0	0	0	0	0
时段												
时间	13	14	15	16	17	18	19	20	21	22	23	24
工作日	1	1	1	1	1	1	1	0	0	0	0	0
节假日	0	0	0	0	0	0	0	0	0	0	0	0

注：1 表示新风开启，0 表示新风关闭。

6 设备功率密度按 15 W/m^2 设置，设备逐时使用率应符合表 A.2.2-7 的规定。

表 A.2.2-7 设备逐时使用率

时段												
时间	1	2	3	4	5	6	7	8	9	10	11	12
工作日	0	0	0	0	0	0	10	50	95	95	95	80
节假日	0	0	0	0	0	0	0	0	0	0	0	0
时段												
时间	13	14	15	16	17	18	19	20	21	22	23	24
工作日	80	95	95	95	95	30	30	0	0	0	0	0
节假日	0	0	0	0	0	0	0	0	0	0	0	0

A.3 办公建筑年碳排放指标计算方法

A.3.1 办公建筑年碳排放指标计算公式如下：

$$C_{CO_2} = \frac{(E_{hvac} + E_l + E_p + E_e + E_{hw} - E_r) \times EF_e + G \times EF_g}{A} \tag{A.3.1}$$

式中：C_{CO_2}——办公建筑年碳排放指标[$kgCO_2/(m^2 \cdot a)$]；

E_{hvac}——办公建筑供暖通风空调年电耗(kWh)；

E_l——办公建筑照明年电耗(kWh)；

E_p——办公建筑设备年电耗(kWh)；

E_e——办公建筑电梯年电耗(kWh)；

E_{hw}——办公建筑生活热水年电耗(kWh)；

E_r——太阳能光伏系统年发电量(kWh)，按式(A.3.2)计算；

EF_e——电力碳排放因子($kgCO_2/kWh$)，取 0.42 $kgCO_2/kWh$；

EF_g——天然气碳排放因子($kgCO_2/Nm^3$)，取 2.08 $kgCO_2/Nm^3$；

G——办公建筑年燃气耗量(Nm^3)；

A——综合能耗指标计算时采用的建筑面积(m^2)，为总建筑面积扣除室内车库面积、非建筑自用数据机房面积、商业及餐饮等非办公区域面积后的面积。

A.3.2 太阳能光伏系统年发电量计算公式如下：

$$E_r = \sum_{i=1}^{12} \frac{I_i}{3\,600} \times A_r \times W_r \times \eta_r \times k_i \qquad (A.3.2)$$

式中：E_r——太阳能光伏系统年发电量(kWh)；

I_i——太阳能光伏系统单位面积第 i 月所接收到的太阳辐射总量(MJ/m^2)；

A_r——太阳能光伏系统面积(m^2)；

W_r——太阳能光伏系统单位面积额定发电功率(W/m^2)；

η_r——太阳能光伏发电系统效率，一般取 0.80；

k_i——太阳能光伏系统发电效率修正系数，计算时取 0.95。

本标准用词说明

1 为了便于在执行本标准条文时区别对待，对要求严格程度不同的用词说明如下：

1）表示很严格，非这样做不可的用词：
正面词采用“必须”；
反面词采用“严禁”。

2）表示严格，在正常情况下均应这样做的用词：
正面词采用“应”；
反面词采用“不应”或“不得”。

3）表示允许稍有选择，在条件许可时首先应这样做的用词：
正面词采用“宜”；
反面词采用“不宜”。

4）表示有选择，在一定条件下可以这样做的用词，采用“可”。

2 标准中指明应按其他有关标准执行时，写法为“应符合……的规定(要求)”或“应按……执行”。

引用标准名录

1 《光伏发电并网逆变器技术要求》GB/T 37408
2 《机械通风冷却塔　第1部分:中小型开式冷却塔》GB/T 7190.1
3 《电磁兼容　限值　第1部分:谐波电流发射限值(设备每相输入电流≤16 A)》GB 17625.1
4 《电动机能效限定值及能效等级》GB 18613
5 《风机盘管机组》GB/T 19232
6 《通风机能效限定值及能效等级》GB 19761
7 《清水离心泵能效限定值及节能评价值》GB 19762
8 《电力变压器能效限定值及能效等级》GB 20052
9 《储水式电热水器能效限定值及能效等级》GB 21519
10 《工业锅炉能效限定值及能效等级》GB 24500
11 《热泵热水机(器)能效限定值及能效等级》GB 29541
12 《室内照明用LED产品能效限定值及能效等级》GB 30255
13 《饮水机能效限定值及能效等级》GB 30978
14 《LED室内照明应用技术要求》GB/T 31831
15 《光伏发电站汇流箱技术要求》GB/T 34936
16 《热泵型新风环境控制一体机》GB/T 40438
17 《建筑给水排水设计标准》GB 50015
18 《建筑照明设计标准》GB/T 50034
19 《民用建筑节水设计标准》GB 50555
20 《民用建筑供暖通风与空调调节设计规范》GB 50736
21 《光伏发电接入配电网设计规范》GB/T 50865
22 《建筑节能与可再生能源利用通用规范》GB 55015

23 《建筑环境通用规范》GB 55016

24 《民用建筑电气设计标准》GB 51348

25 《建筑电气与智能化通用规范》GB 55024

26 《玻璃幕墙工程技术规范》JGJ 102

27 《公共建筑节能设计标准》DG/TJ 08—107

28 《太阳能热水系统应用技术规程》DG/TJ 08—2004A

29 《建筑太阳能光伏发电应用技术标准》
DG/TJ 08—2004B

30 《公共建筑用能监测系统工程技术标准》
DG/TJ 08—2068

31 《地源热泵系统工程技术标准》DG/TJ 08—2119

32 《民用建筑可再生能源综合利用核算标准》
DG/TJ 08—2329

上海市工程建设规范

办公建筑用能限额设计标准

2024 上海

目　次

Contents

1 总 则

1.0.1 “双碳”目标的落地须依托于建筑用能和碳排放量的绝对值控制。根据上海目前相关数据，建筑领域运行碳排放占上海碳排放总量的20%左右，且随着经济水平的发展与城市经济结构的调整，建筑领域的碳排放量仍将呈现一定的增长趋势，如何控制建筑领域的碳排放就成为目前工作的重中之重。鉴于公共建筑种类繁多、用能需求各异，难以在短时间内对所有公共建筑实施用能限额设计管理。办公建筑占上海市公共建筑总量的比例约为25%，规模在公共建筑中排名第一，因此率先对办公建筑实施用能限额设计具有重要的现实意义，也可为其他类型的公共建筑用能限额设计标准的制定提供有益的借鉴。

1.0.2 《上海市城乡建设领域碳达峰实施方案》（沪建建材联〔2022〕545号）明确要求，到2025年，新建民用建筑全面执行能耗和碳排放限额设计标准。

2005年是上海市执行第一部公共建筑节能设计标准的年份，如果假定2005年前的公共建筑尚未采用节能措施，则非节能的既有办公建筑规模达到4 334万m^2，占办公建筑总保有量的48%左右，数量相对较多，节能潜力较大，因此在条件允许时，可对既有办公建筑实施有效的用能限额设计改造。

1.0.3 与办公建筑相关设计标准很多，包括建筑、结构、给排水、电气、暖通空调等，这些标准分别从专业角度对办公建筑设计提供了针对性要求。目前陆续颁布实施的相关节能、环境、防火、防水等国家工程建设通用规范，对办公建筑的相关设计提出了强制性要求，办公建筑的用能限额设计应符合这些标准的规定。

3 基本规定

3.0.1 为响应中共中央、国务院《关于完整准确全面贯彻新发展理念 做好碳达峰碳中和工作的意见》(中发〔2021〕36号)和中共中央办公厅、国务院办公厅《关于推动城乡建设绿色发展的意见》的要求,全面贯彻执行国家的“双碳”目标,实现建筑节能与碳排放的全过程管理,提出采用办公建筑能耗限额指标进行节能评价。

本标准是在上海市工程建设规范《公共建筑节能设计标准》DGJ 08—107—2015基础上,根据国家总体部署要求,结合上海市气候特征与办公建筑用能特点,提出新建办公建筑设计能耗水平应在2016年执行的节能设计标准基础上降低30%(即实现办公建筑平均节能率达到75%以上)的目标下确定的。

上海地处夏热冬冷地区,建筑能效提升手段主要分为被动式优化、主动式提升与可再生能源利用。充分利用建筑自身及周边自然能源,采用天然采光、自然通风和保温隔热技术可有效降低建筑用能需求,通过机电系统的合理化设计与高性能设备选用,并高效利用可再生能源,可明显降低建筑对常规能源的依赖,为“双碳”目标的实现奠定基础。

3.0.2 对于办公建筑而言,室内环境参数是其功能需求,建筑能耗和碳排放则为响应“双碳”目标而提出限额设计约束性要求。在约束性条件下,建筑可通过围护结构、能源设备和系统等不同技术组合实现既定的节能要求,但考虑到技术的先进性、经济性与可操作性,并避免建筑整体性能失调,本标准对建筑围护结构的热工性能、用能设备及系统性能提出了限值要求。

3.0.3 室内热湿环境是办公建筑提供正常服务功能的基本需

求，本标准结合现行国家标准《建筑节能与可再生能源利用通用规范》GB 55015 和《近零能耗建筑技术标准》GB/T 51350 要求，提出相应规定。

3.0.4 现行国家标准《民用建筑供暖通风与空气调节设计规范》GB 50736 对办公建筑不同功能区域的新风量提出了明确要求，考虑到节能与舒适健康的平衡，本标准的能耗限额指标按现行国家标准《民用建筑供暖通风与空气调节设计规范》GB 50736 规定的最小新风量确定。限额设计能耗计算对标时，设计建筑新风量指标应按实际设计值（实际设计值不应小于标准规定值）确定。

3.0.5 办公建筑能耗限额是依据现行国家标准《建筑节能与可再生能源利用通用规范》GB 55015、《近零能耗建筑技术标准》GB/T 51350、《民用建筑能耗标准》GB/T 51161 及现行上海市地方标准《商务办公建筑合理用能指南》DB31/T 1341 的相关规定，在上海市 20 余个办公建筑实际案例能耗计算分析对比研究基础上提出的，碳排放限额指标采用的是上海市生态环境局 2022 年公布调整的电力碳排放因子 0.42 $kgCO_2/kWh$，根据建筑综合能耗限额指标计算确定的。

本标准中办公建筑的能耗限额对象确定为供暖、通风、空调、照明、办公设备、电梯和生活热水的总能耗，不包括充电桩用电量、数据机房能耗以及室内车库、商业及餐饮等非办公区域的能耗。因此，进行能耗指标和碳排放指标计算时，以上非办公区域面积应扣除。

在本标准中，建筑能耗限额设计时采用建筑实际用能强度进行对标，不考虑光伏系统的贡献，目的是降低办公建筑的实际用能强度，而在进行碳排放限额设计时则考虑光伏发电系统的减碳贡献，从而实现能碳双控。

3.0.6 为实现上海市的“双碳”目标，本标准实施能碳双控原则，即设计建筑综合能耗指标计算结果和碳排放指标计算结果应同时满足限额规定。若设计建筑能耗指标大于本标准能耗限额指标，可通过提升建筑围护结构性能指标，以及采用更高性能的设备系统来降低其综合能耗指标，直至满足限额要求。

对于含有其他功能类型的综合类建筑，若其他功能类型建筑面积不超过该综合类办公建筑总建筑面积的10%，则该栋建筑统一按办公建筑处理，其用能限额设计应执行本标准规定。

3.0.7 可再生能源是实现上海市建筑领域“双碳”目标的主要手段之一，《上海市绿色建筑管理办法》（沪府令第57号）、现行国家标准《建筑节能与可再生能源利用通用规范》GB 55015等都要求安装太阳能系统，建筑总体规划时应考虑太阳能等可再生能源利用的条件。

3.0.8 为保证可再生能源系统设计的安全性、有效性与可靠性，应与建筑、结构、给排水、电气、暖通等专业设计协调。特别是太阳能系统目前已强制安装，设计时应分析建筑自身的太阳能资源分布，解决太阳能系统遮挡问题，并应与建筑、结构、给排水、电气、暖通等专业同步设计，避免二次施工带来建筑主体安全性、围护结构节能性能、建筑屋顶防水性能等问题。系统设计过程中，应避免产生眩光影响，并应充分考虑施工的可行性、安装的便捷性以及后期运营的可维护性。

4 建筑和围护结构

4.1 建筑规划与设计

4.1.1 总平面图布置应优先考虑被动设计，利用自然条件实现冬季有阳光、夏季能遮阴、建筑有通风的建筑基本性能要求。建筑方案初期宜采用相关软件，除日照模拟分析外，还可进行总平面布局通风和能耗模拟分析，优化总平面设计。

上海地区建筑适宜朝向为南偏西 30°至南偏东 30°，主要使用房间室内空调和供暖能耗需求较大，将这类房间的主要朝向布置在此朝向范围内，可有效降低建筑用能需求。

4.1.2 绿化用地不仅应符合规划指标要求，还应根据用地地形、建筑物位置进行合理布置。绿化种植可考虑地面绿地、墙面垂直绿化、屋顶绿化、露台绿化等多种方式。植物种类宜选用落叶乔木，充分利用绿化植物冬季获得日照、夏季提供遮阴，并有效降低室外活动场地、道路和屋顶、外墙等建筑围护结构表面的太阳辐射热，改善用地范围内的热岛效应，具有一定的微环境改善与节能减排功能。

4.1.5 《上海市绿色建筑管理办法》（沪府令第 57 号）规定应使用一种或多种可再生能源，现行国家标准《建筑节能与可再生能源利用通用规范》GB 55015 规定新建建筑应安装太阳能系统，《上海市城乡建设领域碳达峰实施方案》（沪建建材联〔2022〕545 号）明确要求新建办公建筑必须安装太阳能光伏系统。考虑到建筑的美观，并有效提高建筑的综合性能，鼓励采用与建筑一体化的太阳能设计如 BIPV 等构造型式。

4.2 围护结构热工设计

4.2.1 本条规定了建筑围护结构限值作为最低底线，以确保机电专业与建筑专业同步设计中合理选择用能设备。自开展建筑节能工作以来，上海市办公建筑围护结构热工性能已经多次提升，考虑到再次提升的技术经济性、工程施工质量以及后期运行维护等多重因素，本标准决定采用规定性指标法约束围护结构热工设计，即各部位的热工性能均应满足表 4.2.1 的要求，不允许因局部不满足进行权衡计算。

4.2.2 窗墙比越大，热工性能要求也应越高。如果受经济造价条件所限不能采用更高性能的外窗，则应通过权衡窗墙比、外窗性能、经济造价的关系，通过减少外窗面积，控制窗墙比，从而降低外窗造价。近年来，门窗、玻璃幕墙等透光围护结构的技术和材料性能虽已不断提升，但标志性的以大玻璃幕墙作为建筑造型的商用办公建筑窗墙面积比也很可能超过 0.5，对节能不利，因此进行分类规定。

4.2.3 太阳得热系数(*SHGC*)是通过透光围护结构的太阳辐射室内得热量，与投射到透光围护结构外表面上的太阳辐射量的比值。太阳辐射室内得热量包括太阳辐射通过辐射透射的得热量和太阳辐射被构件吸收再传入室内的得热量两部分。建筑设计在选用玻璃等透光材料时，应符合表 4.2.3 规定的太阳得热系数的指标。不同朝向的太阳辐射热强度有区别，开窗洞口面积越大进入室内的辐射热量也就越大，表中按不同的窗墙比和不同的朝向位置给出不同的指标要求。当选用的透光材料不能满足表 4.2.3 规定时，应设置建筑遮阳，通过透光围护结构和建筑遮阳共同抵挡夏季太阳辐射热带来的热量。太阳得热系数(*SHGC*)与遮阳系数(*SC*)的换算公式为：$SHGC=SC\times0.87$ 和 $SC=SHGC/0.87$。表 1 为太阳得热系数与遮阳系数换算表。

表1　太阳得热系数与遮阳系数换算

窗墙比	东、西、南向		北向	
	SHGC	*SC*	*SHGC*	*SC*
窗墙比≤0.50	≤0.30	≤0.34	≤0.35	≤0.40
0.50<窗墙比≤0.60	≤0.25	≤0.29	≤0.30	≤0.34
0.60<窗墙比≤0.70	≤0.22	≤0.25	≤0.25	≤0.29
窗墙比>0.70	≤0.18	≤0.21	≤0.20	≤0.23
屋顶透明部分(面积比≤20%)	*SHGC*≤0.20,*SC*≤0.23			

4.3　建筑设计

4.3.1　透光屋顶在办公建筑中的中庭和顶部空间应用较多,对于大进深的办公建筑,透光屋顶可以引入天然光和自然通风,但同时在夏季也会带来通过透光屋顶进入室内的大量太阳辐射热,造成空调能耗的大幅增加,因此对透光屋顶面积进行了限制。这里的建筑屋顶总面积指女儿墙内边线围成的面积。

4.3.2　采用建筑遮阳可减少通过围护结构的太阳热辐射,考虑到过低的太阳得热系数会对室内采光产生不利影响,故当透光部分太阳得热系数性能不能满足要求时,应设置建筑外遮阳。

4.3.3　自然通风是建筑性能的基本要求,也是过渡季节约能耗的有效措施。现行国家标准《民用建筑设计统一标准》GB 50352规定了"生活、工作的房间通风开口有效面积不应小于该房间地面面积的1/20"。本条依据外窗和玻璃幕墙的技术条件规定了不同比例的通风开口面积:外窗设置平开窗,当开启角度达到70°及以上时,开启扇面积即为有效通风面积;当采用限位角度开启扇或上悬开启扇时,其有效通风面积小于开启窗扇面积,应根据实际开口面积计算;玻璃幕墙基于安全考虑一般均为开启角度不大于30°的上悬窗,对玻璃幕墙的通风开口面积不强调有效通风开口面积，可按开启扇面积考虑，但无论外窗还是玻璃幕墙，通风开口的有效面积均应核实其与房间地面面积的比例，应符合现行国家标准《民用建筑设计统一标准》GB 50352 的规定。考虑到高层、超高层办公楼的建筑高度较高，开启窗扇因安全受限，当不能设置开启窗扇时，可在外窗或玻璃幕墙上设置通风换气装置。办公建筑的底层入口通常会设置跨越二～三层的大堂空间，进深大的办公空间会设计中庭以解决内区的采光需求，这类高大空间内的温度分层非常明显，引入自然通风或采用通风装置的通风设计对改善室内热环境、减少空调能耗非常重要。安装在外窗或玻璃幕墙上的通风装置不消耗电力，而是利用室内外风压的变化达到进风换气要求，也是一种较好的节能技术。

4.3.4 对外窗和建筑幕墙提出了气密性要求。减少室内外冷热通过缝隙的流失是夏季节约空调能耗、冬季减少供暖能耗的重要技术措施。为方便设计，本条直接明确了对外窗、透光外门和建筑幕墙的气密性指标，建筑设计在门窗表和门窗、幕墙相关文字说明中应明确气密性指标要求。本条规定的气密性指标是最低要求，建筑设计可根据建筑性质等级定位、使用功能提出更高的标准，尤其对于恒温恒湿的科学实验类办公建筑，其气密性要求应更高。

4.3.5 围护结构热桥部位可能存在保温层未全部覆盖或覆盖程度不够，在室内外温差较大的情况下导致热桥部位表面结露，引起室内墙面、顶棚潮湿发霉，影响室内环境。按照现行国家标准《民用建筑热工设计规范》GB 50176 的规定，“冬季室外计算温度 t_e 低于 0.9℃时，应对围护结构进行内表面结露验算”。

5 供暖通风与空调系统

5.1 一般规定

5.1.1 现行国家标准《民用建筑供暖通风与空气调节设计规范》GB 50736 和《公共建筑节能设计标准》GB 50189、《建筑节能与可再生能源利用通用规范》GB 55015 以及现行上海市工程建设规范《公共建筑节能设计标准》DG/TJ 08—107 都对供暖通风与空气调节系统的设计提出了明确的要求，设计时应根据建筑用能需求与特点、结合能源供应情况，合理设计。

5.1.2 动态负荷计算是确定冷热源设备选型的依据。目前的设备选型主要基于典型日的动态负荷计算结果，虽然标准规定所选机组总装机容量与计算冷负荷比值不得大于 1.1，但由于额定工况运行时间非常短，机组绝大部分时间运行在部分负荷下，造成机组装机容量过大，机组运行负荷率低、效率低、投资高，且运行控制难度大。全年逐时动态负荷计算可全面反映项目全年冷热需求，基于项目全年负荷分布特征进行相关机组选型与容量配置，可充分发挥机组的部分负荷节能效果，有助于实现供暖空调系统的全年节能优化运行。

空调系统设计时，可根据项目负荷变化情况和参数要求进行机型方案对比与优化设计。对于使用时间不连续且空调负荷变化较大的区域，宜使用变制冷剂流量空调系统；空调区较多、建筑层高较低且各区温度要求独立控制时，宜采用风机盘管加新风空调系统；空间较大、人员较多、温湿度允许波动范围小、噪声或洁净度标准高的空调区，宜采用全空气空调系统；服务于多个空调区且各区负荷变化相差大、部分负荷运行时间较长并要求温度独立控制时，宜采用带末端装置的变风量系统，变风量末端装置宜选用压力无关型。

进行全年逐时动态冷热负荷计算时，围护结构构造和参数取值应与建筑设计一致，照明、设备参数设置应与建筑电气设计一致。

根据目前常规设计情况，2 万 m^2 以下的办公建筑大部分采用多联机系统，2 万及 2 万 m^2 以上多采用集中冷热源方式。螺杆式冷水机组单机制冷量小，通常应用范围为 350 kW～1 163 kW，离心式冷水机组单机制冷量大，通常应用范围为 1 163 kW 以上，磁悬浮离心式冷水机组使用无油润滑轴承，运行时轴承悬浮避免了摩擦损失与压缩机失油故障，可有效提高冷机在部分负荷及低压力差时的运行能效。

定频螺杆机组常用滑阀作为调节机构，调节范围为 10%～100%，50%以上负荷运行时，功率与输气量近似成正比例关系，50%以下负荷时，性能系数有所下降。定频离心式冷水机组仅采用叶轮入口导流叶片调节时可实现 30%～100%范围内负荷变化，该种调节方式在 50%负荷以下时，性能系数影响较大；当采用叶轮入口导流叶片加叶轮出口扩压器宽度的双重调节方式时，制冷量可在 10%～100%范围内调节。

变频冷水机组主要通过压缩机加装变频器，采用变频调速的调节方式适用不同工况的变化需求，通过控制电源频率和电压，自动调节电机转速，同时配以相关调节装置，达到压缩机冷量调节的目的，因此比定额机组拥有更高的部分负荷运行能效。设备选型时应分析建筑全年动态负荷特性，根据单台冷水机组承担空调负荷的变化规律确定。

5.1.3 为全面提升建筑暖通空调能源利用效率，本标准引入系统综合最优理念，提出采用综合性能系数进行空调冷水系统节能设计效果评价。

系统设计根据建筑全年动态负荷计算结果，确定系统总装机容量，根据全年逐时负荷分布特征确定机组台数和容量配置，结合设备的性能曲线及部分负荷性能参数确定机组选型。开展水力平衡计算，确定水泵流量和扬程，进行系统设计与设备选型，冷却塔选型应根据冷却水额定流量、冷却水供回水设计温度和冷却水温设计策略，确定冷却塔型号和台数。当冷热源机组、冷冻水泵、冷却水泵、冷却塔选型确定后，进行设计工况下的系统综合性能系数计算，若低于4.8，可通过选择更高性能的机组，也可通过管径优化、设备降阻和管路布置等措施进行设计方案调整，直至满足要求为止。

对多台冷水机组、冷却水泵和冷却塔组成的冷源系统（包括蓄冷设备），应将参与运行的所有设备名义制冷量和耗电功率综合统计计算。当机组类型不同时，应按运行控制策略通过冷量加权方式确定。当采用外供能源中心冷热量时，若能源中心可提供相关参数，则按整个系统总体能效进行计算；若无法提供相关参数，则冷热源按本标准第5.2.4条中的相关指标取值，性能曲线按默认进行计算。

5.2 冷热源

5.2.1 供暖空调系统设计时，有余热、废热的地区应优先利用建筑周边的余热、废热作为系统冷热源。有天然水资源或地热源可利用地区，宜采用水（地）源作为冷热源。处于区域能源供应范围内的建筑应优先选择区域能源作为系统的冷热源，技术经济论证合理时可采用蓄冷蓄热系统和分布式热电（冷）联供系统。

5.2.2 建筑热源设计时，应充分利用建筑周边和自身余热、废热，合理采用可再生能源，有效降低建筑对常规能源需求。为降低建筑二氧化碳排放量，减轻建筑对环境的污染影响，缓解温室效应与热岛效应，鼓励采用热泵作为系统的热源方式。

当采用空气源热泵系统提供热源时，应分析系统的平衡点温度(机组有效制热量与建筑物耗热量相等时的室外温度);当平衡点温度高于建筑物冬季室外计算温度时,系统应设置辅助热源。辅助热源的容量应根据冬季室外计算温度情况下空气源热泵有效制热量和建筑物耗热量的差值确定。由于空气源热泵机组在融霜时机组的供热量会受到影响,同时影响室内温度的稳定性,因此在系统设计时,应进行必要的校核设计。

5.2.3 土壤的换热能力是决定地源热泵系统设计的最主要依据之一,不同区域土壤换热能力存在一定差异,为保证系统设计的合理性与有效性,应根据土壤热响应试验测试结果进行系统设计。

热平衡对于地源热泵系统的运行效果影响非常明显,如果在计算周期内系统总释热量与总吸热量不匹配,会造成土壤侧冷热的堆积,除直接影响下一周期地源热泵系统的出力外,也给土壤环境造成负面影响,因此应加以重视。计算周期内地源热泵系统总释热量和总吸热量的比值在 0.8～1.25 之间时,可认为满足热平衡设计要求。

5.2.4 现行国家标准《建筑节能与可再生能源利用通用规范》GB 55015 为全文强制性标准,其对各类机组性能提出的具体要求必须满足。

5.2.5 现行国家标准《工业锅炉能效限定值及能效等级》GB 24500 对不同燃料品种的锅炉额定工况下的能效等级进行了规定,其中天然气锅炉额定工况下 2 级能效等级的热效率对应的是不低于 94%。

5.2.6 热泵型新风环境控制一体机是以热泵作为冷热源装置,室内机具有供冷、供热、供新风、新风热回收及空气净化机电一体化处理功能,通过运行控制器实现室内温湿度、新风量、空气质量有效控制的机组。

现行国家标准《热泵型新风环境控制一体机》GB/T 40438 规定其单位新风量耗功率不应大于 0.45 W/(m^3/h),新风热回收模式下,环控机热回收效率应满足国家标准《热回收新风机组》

GB/T 21087—2020 中表 2 规定的限值要求，其中全热交换效率的冷量回收效率应大于或等于 55%，热量回收效率应大于或等于 60%。

5.3 输配系统和末端

5.3.1 空调水系统降阻优化设计可有效降低水泵扬程，减少设备初投资，显著节省输配系统运行能耗。设计过程中通常采用选择低阻力设备，如选择低阻力设备和阀部件、加大供回水温差设计值、采用低比摩阻管网系统（如适当扩大管径、采用斜三通代替直三通等）等合理的降阻措施，以降低输配系统能耗。

5.3.2 空调水系统设计时，如果管路压力损失不平衡，会造成水量分配不均，导致空调系统失衡，一方面室内舒适性无法保障，另一方面也会造成大量的能源浪费。因此，现行国家标准《公共建筑节能设计标准》GB 50189 及现行上海市工程建设规范《公共建筑节能设计标准》DG/TJ 08—107 都明确要求空调水系统布置和选择管径时，应采取必要调节装置减少并联环路之间的压力损失。

5.3.3 水泵的高效运行区是指性能曲线中代表水泵内部各种损失之和最低的区域，一般将水泵最高效率值对应流量的 85%～105%范围称为高效运行区，设计时应根据系统管道的特性曲线和水泵的性能曲线确定设计工况运行点。以系统设计流量和压降作为水泵最高效率点的水泵选型方法并不一定能保证水泵运行能耗最低，因为在实际运行过程中，系统处于设计负荷工况点下的运行时间往往很短，即水泵全年运行效率大部分时间低于最高值。因此，在水泵选型中，应根据负荷特性分析系统流量分布特征，根据运行时间最长的流量区间进行水泵选型，并尽量使水泵高效运行区与该流量区间相重合。

5.3.4 空调冷（热）水系统耗电输冷（热）比反映了空调水系统循环水泵的耗电与建筑冷热负荷的关系，因此现行国家标准《公共建筑节能设计标准》GB 50189 和现行上海市工程建设规范《公共建筑节能设计标准》DG/TJ 08—107 都对空调冷(热)水系统耗电输冷(热)比提出了强制性要求。本标准针对办公建筑用能限额设计提出了 20%的提升要求,旨在推动系统优化设计,进一步降低输配系统能耗。

5.3.5 风机能耗也是空调系统能耗的主要构成部分,对于运行时间较长且运行过程中风量、风压有较大变化的系统,宜采用双速或变速风机。变速风机相对节能效果更好,因此鼓励采用变速风机。

5.3.6 办公建筑空调系统处理新风所需的冷热负荷占建筑总冷热负荷的比例很大,特别是将建筑围护结构热工性能进一步提升后,其比例还将增加。为有效减少新风冷热负荷,采用空气-空气能量回收装置回收空调排风中的热量和冷量用来预热和预冷新风,具有明显的节能效果。

现行国家标准《空气-空气能量回收装置》GB/T 21087 将空气热回收装置按换热类型分为全热回收型和显热回收型两类。如果考虑回收过程中风机的耗电量,则根据节能效果表现推荐使用全热回收型热回收装置。

对于上海地区的办公建筑,其存在相对较长的过渡季,过渡季期间室外温度和焓值大部分处于舒适区间,如果采用回收装置,则存在不节能的现象;而如果设置旁通风管,直接利用室外新风,则可实现有效的节能效果。

目前所有的节能标准都对排风热回收机组提出了温度效率(显热效率)和焓效率(全热效率)的要求,此指标因未考虑排风热回收时的风机功率消耗,造成实际节能效果低于预期。为此,本标准提出采用空气热回收机组运行能效系数参数,当空气热回收机组运行能效系数高于空调系统综合能效系数时,热回收机组将具有有效的节能量,而如果低于空调系统综合能效系数时,直接采用空调系统将比采用热回收机组更节能。根据本标准空调系统综合能效比不应低于 4.8 的规定，明确排风热回收机组的运行能效系数不应低于 4.8；如果低于 4.8，应开启热回收装置旁通，同时关闭热回收机组风机。

5.3.7 风机能耗也是办公建筑空调系统的主要能耗之一，现行国家标准《公共建筑节能设计标准》GB 50189 和现行上海市工程建设规范《公共建筑节能设计标准》DG/TJ 08—107 都给出了单位风量耗功率的计算公式，明确了其限值要求。本标准在此基础上，提出了 20%的提升要求，设计时应在相关图纸中明确普通机械风机的风压、空调风系统的机组余压，以及风机效率设计值，以便进行校核评判。

5.3.8 逼近度是指冷却塔出水温度与室外湿球温度的差值。降低冷却水供水温度可提高冷水机组运行能效，通过加大冷却塔容量可获取较低冷却水温度，但会增加初投资和风机运行能耗，因此应从冷机和冷却塔总能耗以及经济合理性等方面综合分析，以满足设计逼近度要求。

耗电比是指冷却塔风机驱动电动机的输入有功功率与标准冷却水流量的比值。现行国家标准《机械通风冷却塔　第 1 部分：中小型开式冷却塔》GB/T 7190.1 明确了两个标准工况，对于办公建筑而言，其对应标准工况 I。该标准规定，在标准工况 I 的 2 级能效等级对应的耗电比限值为小于或等于 0.030 kWh/m^3，冷却塔设计选型时应满足该限值要求。

5.3.9 与传统交流电机风机盘管相比，直流无刷风机盘管具有节能、无级调速、噪声低、寿命长等优点。传统交流风机盘管调速是通过温控器来实现，一般只有高、中、低 3 挡风机转速可调，而直流无刷风机盘管则可无级调节风量，精准控制室内温度，提高室内舒适性。直流无刷风机盘管使用永磁铁作为磁芯，电机效率可达 90%，在送风量相同情况下，采用直流无刷风机盘管平均节能 30%以上。但由于电机价格、智能控制等原因，直流无刷风机盘管比传统交流电机风机盘管一般要贵 1.5 倍左右，但其采用电子换向控制模块，可减少传统交流电机运转时的元器件磨损，因此寿命更长。

现行国家标准《风机盘管机组》GB/T 19232 对风机盘管的能效系数进行了规定，包括机组供冷能效系数(FCUEER)和供暖能效系数(FCUCOP)。供冷能效系数是指机组额定供冷量与相应试验工况下机组风侧实测电功率和水侧实测水阻折算电功率之和的比值，供暖能效系数是指机组额定供热量与相应试验工况下机组风侧实测电功率和水侧实测水阻折算电功率之和的比值，因此可表征风机盘管在额定工况下运行时的能效水平。为保证风机盘管的高效率，该标准对交流电机通用机组和永磁同步电机通用机组、干式机组及单供暖机组的能效进行了限定，设计选型时应满足该限值要求。

6 电气系统

6.1 照 明

6.1.1 国家标准《建筑照明设计标准》GB/T 50034—2024 第 5.3.2 条对办公建筑照明标准值进行了规定，设计时应符合相关要求。

6.1.2 照明功率密度是照明节能的重要评价指标，现行国家标准《建筑节能与可再生能源利用通用规范》GB 55015 在《建筑照明设计标准》GB/T 50034 的基础上，提出了照明功率密度限值。考虑到通过合理的设计与采用高效照明灯具，特别是随着 LED 高效光源的普及与应用，照明功率密度仍有很大的下降空间，因此本标准在限值基础上，沿用现行国家标准《建筑照明设计标准》GB/T 50034 的说法，提出了目标值的要求。

6.1.3 光源选择时，首先应满足功能需求，然后通过全寿命期综合技术经济分析比较，选择高效、长寿命、维护费用低等光源。

6.1.4 谐波电流是将非正弦周期性电流函数按傅立叶级数展开时，其频率为原周期电流频率整数倍的各正弦分量的统称。谐波电流是对公用电网的一种污染，也会对周围用电设备产生影响。因此，现行国家标准《电磁兼容　限值　第 1 部分：谐波电流发射限值(设备每相输入电流≤16A)》GB 17625.1 对 25 W 以上灯具谐波进行了规定，而对于 5 W～25 W 灯具，则参考国际标准 IEC 61000-3-2:2020 直接给出的限值要求。

6.2 供配电

6.2.1 电气设计应合理确定配电系统的电压等级,减少变压级数,用户用电负荷容量大于 250 kW 时,宜采用高压供电。当建筑规模大、建筑高度高时,往往存在多个负荷中心,应根据负荷情况进行技术经济比较,合理设置变电所。

6.2.2 变压器采用 Dyn11 结线组别有利于抑制高次谐波电流,有利于单相接地短路故障的切除,可充分利用变压器的设备能力。

为实现有效节能,本标准采用国家标准《民用建筑电气设计标准》GB 51348—2019 第 24.1.4 条的规定,即办公建筑变压器容量指标限定值为 110 VA/m^2,节能值为 70 VA/m^2。

6.2.3 无功功率补偿主要是根据电力负荷性质采用适当的方式和容量,实施分散就地补偿与变电站集中补偿相结合、电网补偿与用户补偿相结合,在变压器低压侧设置集中无功补偿装置。无功补偿装置不应引起谐波放大,不应向电网反送无功电力,满足电网安全和经济运行需要。

6.3 设　备

6.3.1 选择较高功率因数和高能效的 LED 灯有更好的节能效果,现行国家标准《室内照明用 LED 产品能效限定值及能效等级》GB 30255 对室内照明用 LED 产品能效等级分为 3 级,其中 1 级能效最高。设计选用时,LED 产品能效等级应不低于 2 级。

现行国家标准《LED 室内照明应用技术要求》GB/T 31831 对用于人员长期工作或停留场所的一般照明 LED 光源和 LED 灯具光输出波形的波动深度提出了限值要求。波动深度是指一个波动周期内光输出的最大值与最小值之差除以最大值与最小值之和的值。

6.3.2 现行国家标准《电力变压器能效限定值及能效等级》GB 20052 规定了变压器能效等级为三级，其中 1 级能效最高，3 级能效最低。

6.3.3 现行国家标准《电动机能效限定值及能效等级》GB 18613 对三相异步电动机、单相异步电动机、空调器风扇用电动机的能效等级进行了规定。根据标准，电动机能效等级分为 3 级，其中 1 级能效最高，3 级最低。

6.3.4 能效标识是表示产品能源效率等级等性能指标的一种信息标签，引导和帮助消费者选择高能效节能产品。凡是列入目录的产品，需强制到中国能效标识网进行备案，并按照《能源效率标识管理办法》（中华人民共和国国家发展和改革委员会、国家质量监督检验检疫总局 2016 年第 35 号令）中规定的格式粘贴相应的能效标识。我国能效强制实施的与办公相关的产品目前有显示器、液晶电视机、等离子电视机、微型计算机、打印机、复印机等，具体标准为《平板电视与机顶盒能效限定值及能效等级》GB 24850、《显示器能效限定值及能效等级》GB 21520、《微型计算机能效限定值及能效等级》GB 28380、《复印机、打印机和传真机能效限定值及能效等级》GB 21521、《投影机能效限定值及能效等级》GB 32028 等，采购时应购买 2 级能效等级产品。

7 给排水系统

7.1 给水系统

7.1.1 市政给水管网都有一定的供水压力,应尽可能利用。给水系统设计时,一层及一层以下可充分利用市政管网供水压力直接供水,一层以上直接供水范围应根据市政给水管网供水压力通过计算确定。

7.1.2 控制供水压力可减少不必要浪费。当供水压力较高时应采取必要的减压措施。采用减压阀进行减压时,减压阀的公称直径宜与其相连管道管径一致,减压阀前应设阀门和过滤器,减压比不宜大于 3∶1,并应避开气蚀区;当有不间断供水要求时,应采用两个减压阀并联设置,宜采用同类型减压阀。减压阀不应设置旁通阀。

7.1.3 生活给水的加压泵是长期不停地工作的,水泵产品的效率对节约能源、降低运行费用起着关键作用,因此在选泵时应根据管网水力计算结果选择效率高的泵型,水泵工作点应位于水泵效率曲线的高效区内。

合理选择通过节能认证的水泵产品,有利于减少能耗。现行国家标准《清水离心泵能效限定值及节能评价值》GB 19762 中明确泵节能评价值是指在标准规定测试条件下,满足节能认证要求应达到的最低效率,选取的水泵效率不应低于该节能评价值。水泵特性曲线应随流量增大,扬程逐渐下降。同样流量、扬程情况下,2 900 r/min 的水泵比 1 450 r/min 水泵的效率要高 2%～4%。因此,在噪声要求不高或噪声进行有效控制的情况下,宜选用更高转速的水泵。

7.1.4 当循环水泵并联台数超过3台时，依靠台数调节的节能潜力已不明显。当台数大于3台时，在每台冷冻机组冷却水进水管上设置流量平衡阀，冷却水泵与冷冻机组一一对应，每台冷却水泵的出水管单独与每台冷冻机组的冷却水进水管相连接，可实现流量均衡。

7.1.5 给水管道阻力损失与水流量、管材、管径、管阀等相关，设计时需合理设计水流量，确定合适管材和管径，选择阻力低、水耗小的产品。

7.1.6 采用节水器具是节水的一项有效措施，目前我国已对大部分用水器具的用水效率制订了标准，如现行国家标准《水嘴水效限定值及水效等级》GB 25501、《坐便器水效限定值及水效等级》GB 25502、《淋浴器水效限定值及水效等级》GB 28378、《便器冲洗阀水效限定值及水效等级》GB 28379、《蹲便器水效限定值及水效等级》GB 30717等，设计时应满足2级水效要求的器具。

7.2 热水系统

7.2.1 对于只有卫生间洗手盆和少数淋浴间，且用水点分散的办公建筑，建议采用局部热水供应系统。局部热水供应方式包括局部设置太阳能、空气源热泵或小型储水式电热水器等。

7.2.2 根据标准，办公建筑坐班制平均日热水用水定额为4 L～8 L。在进行供热系统容量设计时冷水计算温度应以上海最冷月平均水温资料确定；当无确切水温资料时，上海地面水温取5℃，地下水温取15℃～20℃。热水出水温度应为55℃～60℃，系统设灭菌消毒设施时水加热设备出水温度均宜相应降低5℃，配水点水温不应低于45℃。

7.2.3 热水系统的耗热量、热水量计算直接影响加热设备供热量，应认真计算并合理选型。国家标准《建筑给水排水设计标准》GB 50015—2019第6.4节对耗热量、热水量和加热设备供热量的计算进行了详细规定，可供设计时使用。

7.2.4 集中热水供应系统的热源应优先利用余热、废热，生活热水要求稳定供应，因此余热、废热应供应稳定可靠。地热作为一种有价值的资源，有条件时应考虑，由于地热水生成条件不同，其水温、水质、水量、水压等差别很大，使用时应采用有效措施进行处理。

上海属于太阳能资源可利用地区，鉴于太阳能资源一般，系统设计时建议太阳能热水系统设置辅助热源，辅助热源可采用空气源热泵或直接采用直膨式太阳能热泵热水系统制备热水。

7.2.5 现行国家标准《热泵热水机(器)能效限定值及能效等级》GB 29541 将热泵热水机能源效率分为 5 级，1 级能源效率最高，5 级最低，2 级表示达到节能认证的最小值。本标准采用能效等级中的 2 级作为设计和选用热泵热水机组的依据，即热泵热水机的 COP 不应小于 4.4。由于热泵热水机组一般供水温度为 55℃，因此应有相应的水质保障措施。

7.2.6 办公建筑洗手盆采用小型电热水器的情况相对较多，虽然用水量小，但运行时间长，因此也有一定的能源消耗。现行国家标准《储水式电热水器能效限定值及能效等级》GB 21519 将电热水器能效等级分为 5 级，1 级能源效率最高，5 级最低。设计时应达到 2 级能效要求，即 24 h 固有能耗系数不应大于 0.7，热水输出率不应小于 60%。

7.2.7 根据现行国家标准《工业锅炉能效限定值及能效等级》GB 24500 中 2 级能效等级要求，燃气锅炉热效率不应低于 94%。

7.2.8 现行国家标准《饮水机能效限定值及能效等级》GB 30978 将家用和类似用途的饮水机能效等级分为 3 级，其中 1 级能效最高，2 级能效为节能评价值。采用的饮水机能效不应低于标准规定的 2 级。为实现更好的节能，饮水机宜采用定时控制，以便下班后能自动关闭电源，从而节省能耗。

8 可再生能源系统

8.1 一般规定

8.1.1 现行国家标准《建筑节能与可再生能源利用通用规范》GB 55015 对建筑采用太阳能系统提出强制性要求。太阳能系统可分为太阳能热利用系统、太阳能光伏发电系统和太阳能光伏光热系统。这三类系统均可安装在建筑物外围护结构上，将太阳辐射转换成热能或电能，替代常规能源，既可降低常规能源消耗，又可减少二氧化碳排放，是建筑领域实现碳中和的主要技术措施。

根据目前上海市城乡建设领域碳达峰实施方案，建筑屋顶安装光伏已成为必选项。上海市人民政府办公厅印发的《上海市资源节约和循环经济发展"十四五"规划》(沪府办发〔2022〕6 号)明确，从 2022 年起，新建党政机关、学校、工业厂房等建筑屋顶安装光伏的面积比例不低于 50%，新建其他类型公共建筑屋顶安装光伏的面积比例不低于 30%。

8.1.2 上海地区水源利用相对较少，且后期运行维护工作量相对较大，因此建筑应用主要以浅层地热能为主，本标准第 5 章对浅层地热能设计提出了具体要求，设计时应符合相关规定。

8.1.3 根据现行上海市工程建设规范《民用建筑可再生能源综合利用核算标准》DG/TJ 08—2329 的规定，建筑可再生能源综合利用量按建筑地上计容总面积与可再生能源利用量核算系数确定。该标准要求，可再生能源应用常规能源替代量不应小于可再生能源综合利用量，并给出了太阳能热水系统、太阳能光伏系统、地源热泵系统的常规能源年替代量，可作为系统设计的依据，鼓励采用先进值进行系统设计与选型。

8.1.4 太阳能利用与建筑一体化是太阳能应用的发展方向，合理选择太阳能建筑一体化系统类型、颜色、型式等，在保证热利用或发电效率的前提下，尽可能做到与建筑物外围护结构协调一致。

太阳能应用一体化系统可安装在建筑屋面、建筑立面、阳台或其他地方，由于屋面太阳辐射资源最好，其相互遮挡较小，应优先选择屋面安装。系统设计时，做好与围护结构保温、隔热、防水与结构等连接与保护措施，确保不影响建筑其他功能使用。

8.1.5 系统设计时预留测试所需仪表的位置或者提前安装后期运行测试所需的仪表。为保证系统质量，太阳能系统主要设备和部件应符合国家相关产品要求。

8.1.6 对太阳能系统进行必要监测与计量，及时获取设备系统运行工作状态，以便发现问题、解决问题，实现系统安全高效运行。

8.2 太阳能光伏系统

8.2.1 太阳能光伏组件的发电能力与太阳辐射量、气候特征、场地条件、负荷需求、供配电时间等因素密切相关，项目不同、安装位置不同、工作环境不同，都将对光伏系统的发电量产生影响，设计时应进行技术经济比选。逆变器容量根据系统形式、组件容量、相数、频率、功率因数、过载能力、效率、输入输出电压、最大功率点跟踪等综合确定，逆变器允许最大直流输入电压和功率不应小于其对应的光伏组件或光伏方阵最大开路电压和最大直流输出功率。组件最大功率工作电压变化范围应在逆变器最大功率跟踪电压范围内，直流侧应设置隔离开关，逆变器应满足必要的保护和监测功能、通信接口、温升控制、冷却方式和防护等级等技术要求。光伏发电系统接入配电网时，其并网方式和安全保护要求应符合现行国家光伏系统相关标准的规定，光伏系统应配置计量装置，配置防孤岛保护，当检测到孤岛时应能断开与配电网的连接。配置储能装置时，其电池容量应根据负荷容量、储能电池放电效率修正系数、储能电池拟用电时数、储能电池放电深度和电路损耗率确定。系统应做好防雷和接地设计。

8.2.2 不同组件有不同的负荷特性曲线，组件选型时应根据安装位置、安装方式进行。当安装在屋顶时，应优先考虑晶硅电池；当安装在立面时，可考虑晶硅电池和薄膜电池。组件设计时，应根据组件的规格以及避免遮挡和维护通道，确定光伏最大可安装容量。光伏组件串联数应根据与逆变器性能相匹配，并联数除考虑遮挡情况外，还应根据方阵与逆变器之间的容量配比确定。

8.2.3 光伏组件布置时，安装角度应根据技术经济性确定，应考虑建筑美观、建筑环境等因素，宜采取固定安装方式，条件允许时可考虑跟踪式。组件布置时应尽可能避开周边建筑或构件的遮挡，通过全年性能分析，一般情况下要满足冬至日 9:00—15:00 真太阳时段内不产生阴影遮挡的要求。工作温度对光伏组件发电效率影响明显，为避免光伏组件不必要的升温，方阵与屋面之间的距离应满足安装、通风和散热要求。光伏方阵安装位置应设置安全防护措施，采用光伏幕墙时，幕墙性能应满足幕墙相关标准要求。光伏的安全性非常重要，设计和安装时应满足现行上海市工程建设规范《建筑太阳能光伏发电应用技术标准》DG/TJ 08—2004B 的规定。

8.2.4 为保证光伏系统的贡献，本标准对光伏组件的发电效率提出了最低要求。对于透光型光伏组件，其非透光部分的光伏发电效率应满足标准规定。

8.3 太阳能热水系统

8.3.1 本条对太阳能热水系统设计提出要求。在确定集热器总面积时，应关注系统的加热方式的选择，采用间接加热方式时，由于换热器内外存在传热温差，使得在获得相同温度的热水情况下，间接加热比直接加热的集热器运行温度稍高，造成集热器效率略微下降，因此集热器总面积也就比直接加热方式要大。由于建筑朝向、屋面布局等原因，太阳能集热器无法安装在最佳角度和最好方位，则应考虑对集热面积进行补偿。现行上海市工程建设规范《太阳能热水系统应用技术规程》DG/TJ 08—2004A 对太阳能集热面积补偿、热损失、附属设施以及安全设施等都提出了明确的要求，系统设计时应符合相关规定。

8.3.2 太阳能热水系统太阳能保证率一般为 50%左右，需要设置辅助热源，考虑到“双碳”目标的要求，建议采用空气源热泵热水系统作为辅助热源。

8.3.3 本条对太阳能热水系统的控制提出了要求。太阳能热水系统都设有辅助热源，控制系统应遵循太阳能资源最大化利用为原则进行逻辑设计，否则可能发生热水全部由辅助热源提供的情况，造成太阳能热水系统节能效果不明显，也极可能造成集热系统的损坏。控制系统应具有主要运行参数如进出口水温、流量、水箱温度、水量等及时显示功能，以便于运行控制。太阳能集热系统都设有防冻和防过热措施，控制系统应能正常工作，实现冬季防冻和夏季防过热功能，保障系统可靠运行。

8.3.4 上海市属于太阳能辐射资源可利用区域，全部使用太阳能提供生活热水需要较大的集热器面积，既难以布置，也非常不经济，因此提出了太阳能保证率的范围。各项目可根据自身情况进行合理性设计，以实现太阳能资源的高效合理利用。

9 监测与控制系统

9.1 监测要求

9.1.1 《上海市绿色建筑管理办法》(沪府令第57号公布)第二十八条规定:“新建国家机关办公楼、大型公共建筑以及其他由政府投资且单体建筑面积达到一定规模的公共建筑同步安装能耗监测装置以及联网功能……”现行上海市工程建设规范《公共建筑用能监测系统工程技术标准》DGJ 08—2068规定,设置用能监测系统时,应采集水、电、燃气、燃油、外供热源、外供冷源、可再生能源等七类分类能耗数据,所采集数据应联网上传至上级能耗监测平台。用能监测系统应具备能耗数据实时采集、处理、存储、统计、分析和展示等功能。建筑群内单位建筑面积超过2万m^2的建筑,各单体建筑用电总量及照明插座、空调、动力和特殊用电量应独立计量。建筑群内各建筑共用室内地下车库的,车库用电负荷宜独立计量。

用能监测系统可由能耗计量表具、数据采集层、数据传输层、数据应用层和数据上传层组成,建筑本地应设置必要的、满足基本运行管理功能的软件和数据库。

9.1.2 计量是实施监测的基础,对于建筑相关用能应实施必要的计量,对于出租区域应按经济核算单元设置电能计量装置。

根据标准要求,供暖空调系统用能计量应包括冷水机组、锅炉、热泵、冷冻水循环泵、冷却水循环泵、冷却塔、热水循环泵、空调、新风机组、风机盘管、送排风设备、多联机、分体机等。采用区域性冷源和热源时,在每栋建筑的冷源和热源入口处应设置冷量和热量计量装置,对于不同区域的冷热源应进行单独计量。可再生能源利用应独立计量，计量方式应符合现行国家标准《建筑节能与可再生能源利用通用规范》GB 55015 的要求。太阳能热水系统应对辅助热源进行独立计量，太阳能光伏系统应对组件发电量、系统发电量、并网电量等进行独立计量。

9.1.3 能耗监测系统多功能电能表应至少具有电流、电压、有功电能、无功电能等监测计量功能，燃气产品应符合现行国家标准《膜式燃气表》GB/T 6968 的规定，数字(冷)热量表产品符合现行行业标准《热量表》CJ 128 的规定。

9.1.4 建筑能耗数据采集的及时性、准确性和完整性对于数据的使用非常重要。在条件允许情况下，鼓励采用自动计量方式，并能根据具体需要灵活设置。计量数据应通过标准通信接口上传检测系统，数据上传可采用 RS485 总线制传输方式、以太网传输方式、Wi-Fi 及 5G 无线传输方式等一种或多种混合方式。

9.1.5 为保证监测数据的准确、完整与可靠，监控系统应具备故障自诊断功能、自动恢复与故障报警功能，应能根据预设的报警条件对用能异常情况进行报警，能耗超限、设施运行故障等信息宜通过有效方式及时推送给管理者，应采取相应的数据冗余和备份措施，自动对应用数据库进行备份，应能提供系统日志、系统错误信息、系统操作记录等。

9.1.6 监测室内外温度、湿度、新风量、PM_{10}、$PM_{2.5}$ 和 CO_2 浓度是为了便于建筑能效分析。若项目已配置有相关参数监测模块，则可通过数据共享方式实现数据获取。

9.1.7 建筑能耗监测数据对于分析建筑自身能效水平，挖掘节能潜力，提升能效管理水平具有重要作用，监测系统应具有必要的数据存储功能。

9.2 控制要求

9.2.1 配置监控系统可对系统全年高效运行提供必要的技术手

段，通过监控系统，可以获取系统运行状态，分析运行参数，调整优化运行策略，开展运行效果评价等，故建议安装必要的监控系统。

监控系统应具备监测功能、自动启停功能、能效监测与分析功能以及管理功能。监测系统应具备监测冷水机组蒸发器进出口温度、压力及流量，冷凝器进出口温度、压力及流量，制冷剂蒸发压力及温度，制冷剂冷凝压力及温度，冷水机组功率及电流，冷水机组启停和故障状态，冷水机组报警状态；冷却塔进出塔水温及逼近度、风机启停和故障状态、风机电流电压功率及频率；冷冻水泵和冷却水泵启停和故障状态、水泵电流电压及频率。监控系统应能根据设备故障或水流开关信号关闭冷水机组、冷水机组最低冷却水温保护、冷水机组最低流量保护、冬季冷却塔防冻保护等。

监控系统宜设置能效监测模块，可对系统总用电量、冷水机组用电量、冷冻水泵用电量、冷却水泵用电量和冷却塔用电量、冷冻水系统总流量与供回水温度、冷却水系统总流量和供回水温度、单台冷水机组供回水温度及流量、冷却塔补水量及室外空气干球温度和湿球温度等进行监测，可对系统供冷量、系统能效比、冷水机组性能系数、系统综合性能系数、循环水泵耗电输冷(热)比等进行分析与展示。

监控系统控制方式可采用直接数字控制器(DDC)或现场总线控制(FCS)方式。DDC 控制可实现各种复杂控制规律如自动选择控制、前馈控制等，是目前暖通空调系统自动控制的主要形式之一。现场总线控制(FCS)是在分布控制系统基础上发展出的一种新型控制方式，其采用数字化信息传输和分散式系统架构，每个现场仪器都带有 CPU 单元，可分别独立完成测量、校正、调节、诊断等功能。

9.2.2 随着“双碳”目标背景下建筑电气化程度的加深，空气源热泵将可能成为办公建筑冬季供暖的主要方式。由于上海冬季供暖设计温度为－2℃，覆盖热泵结霜区，当室外空气侧换热盘管低于露点温度时，换热制片上就会结霜，造成机组运行效率大幅下降，严重时可能无法运行，因此设计时选用的空气源热泵机组最佳除霜控制应判断正确，除霜时间应尽可能短，才能在不影响室内热舒适环境的情况下具有较高的能效。

9.2.3 目前设置 CO_2 浓度传感器已成为全空气系统进行新风控制的主要手段。人员数量增加时，室内 CO_2 浓度将随之增加，根据 CO_2 浓度与人体生理反应关系，目前普遍认为当室内 CO_2 浓度超过 1 000 ppm 时，应增加室内新风量，降低 CO_2 浓度。但由于未设置浓度下限，会出现人员数量已减少或室内 CO_2 浓度已降低，但室内新风系统仍处于加大新风量的运行状态，造成不必要的能源消耗。

9.2.4 空调系统设计不仅要考虑设计工况，还应考虑全年运行模式。过渡季或夏季存在室外空气相对室内较低时，可通过增加新风的方式降低室内温度，实现有效节能。直接采用室外温度较低的空气对建筑进行预冷也是一项有效的节能手段，应推广应用。

9.2.5 降低冷却水供水温度以提升冷水机组性能系数是一种非常有效的常用节能措施。实践表明，降低冷却水供水温度虽然会增加冷却塔初投资和运行能耗，但可显著降低冷水机组用电量，因此是一种经济性非常高的节能措施。

9.2.6 照明节能控制措施有很多，对于有天然采光的场所，人工照明控制应独立于其他区域，以便根据天然采光程度实施有效照明控制。考虑到控制成本和操作可行性，有天然采光的场所应根据采光状况分组、分区控制，可增加定时、感应等控制措施。走廊、楼梯间、地下车库等区域照明应采用红外或微波传感实现自动点亮、延迟关闭或降低照度控制。室外景观照明应设置至少 3 种控制模式，并采取有效节能措施降低能源消耗。

9.2.7 电梯也是建筑能耗的主要构成，设计时除应采用节能电梯外，采用变压变频调速（VVVF）拖动方式，可有效降低电梯运行能耗，能量回馈装置可进一步减少电梯用电需求。群控措施可减少电梯等候时间与电梯运行次数，降低电梯用能，2 台及以上电梯集中设置时应具有群控功能。当电梯轿厢内一段时间内无预置指令时，电梯应具备自动转为节能运行方式的功能，如关闭部分轿厢照明和风扇等。

附录 A　建筑年综合能耗和碳排放指标计算方法

A.1　明确了办公建筑年综合能耗指标计算方法，包括供暖通风空调、照明、办公设备、电梯和生活热水等所有办公建筑用能能耗。

计算过程中，本标准主要提出了新的供暖通风空调年能耗计算方法，即基于时序的温度-效率曲线计算方法，其通过重构供暖空调机组的温度-效率曲线，采用全年 8 760 h 负荷计算结果与相对应时刻的温湿度状况，确定该时刻机组的运行效率，计算机组的耗电量，然后根据系统的配置情况，根据负荷分别进行相应的风机、水泵等能耗，汇总后即为系统总能耗。

本标准也针对目前生活热水能耗计算方法存在的问题，提出了新的解决思路，即采用逐月冷水温度计算法确定热水能耗，其中每月的冷水温度根据典型气象年中该月的平均温度确定。

计算结果统一采用等效电的方式表达。需注意的是，办公建筑用能限额指标是对建筑实际用能水平进行约束，因此计算时太阳能光伏系统的贡献不考虑在内。

A.2　规定了办公建筑供暖空调冷热负荷计算要求，包括软件能力、计算参数设置等。

A.3　规定了办公建筑年碳排放指标计算方法，其建立在排放因子法基础上，通过能源品种及其碳排放因子计算确定。需注意的是，供暖可能采用燃气锅炉，生活热水可能也采用燃气类制热设备，这时应区分供暖和生活热水的年耗电量和年耗气量，分别乘以各自的碳排放因子进行累加计算。与能耗限额指标不同的是，计算碳排放指标时可考虑太阳能光伏发电产生的二氧化碳减排贡献。